균형 육아

균형

균형 있게 페이스 조절하며
아이를 키우는 육아감정 심리서

육아

정신건강의학과 전문의
정우열 지음

팬덤북스

저희 아이들은 벌써 6세, 5세가 되었어요. 직접적인 육아 경험이 오래 된 건 아니지만 진료와 상담이라는 일을 통해 간접 경험을 하다보니 '육아 경험은 생각보다 아주 길구나'라는 생각을 자주 해요. 문제 한 번 내볼게요.

"아이 친구 관계 문제로 상담을 좀 해달라"며 진료 예약을 잡은 한 엄마가 있었어요. 과연 아이 나이는 몇 살이었을까요? 초등학생도 중학생도 고등학생도 아닌 21세 대학생이었어요. 이미 성인이 된 자식의 친구 관계 문제도 걱정이 되고 해결해주려고 노력하는 것이 부모 마음인 것 같습니다.

'별로 놀랍지 않은데?'라는 분을 위해 문제 또 내 볼게요. "아이가 거짓말을 많이 한다"고 상담을 예약한 엄마가 있었습니다. 상담 시간에 만나본 아이는 몇 살이었을까요? 무엇을 상상하든 그 이상이겠죠. 그 아이(?)는 31세였어요. 31세 먹은 자식의 거짓말 습관도 간섭하는 게 부모인 것입니다. 저는 처음에 부모의 개입을 보고 거짓말로 사기를 쳐서 법적 문제가 생

긴 줄 알았어요. 알고 보니 주로 게임을 많이 하고 안 했다고
하는 거짓말이었어요.

  극단적인 경우의 예를 들어 이야기했지만 부모 역할은 생각
보다 오래가요. 전투육아, 군대육아라는 말처럼 첫 3년만 참으
면 수월해진다 해서 희망을 가졌는데, 아이를 키우다보면 한해
한해 참 절망적이죠. 이미 세 돌 이상 된 아이들을 키운 부모님
들은 알 거예요. 세 돌 생일 다음 날이 되어도 변한 건 하나도
없다는 걸요.

  인정하고 싶지 않아도 육아는 수년 안에 끝나지 않고 생각보
다 길어요. 운동 경기에 비유하자면 100미터 달리기인 줄 알고
전력질주 했는데, 달리다 보니 그게 마라톤인 거죠. 마라톤에서
제일 중요한 건 다들 아시다시피 페이스 조절이에요. 육아도
페이스 조절이 중요하다는 생각을 아이들을 키우면서도, 진료
를 통해서도, SNS를 통해서도, 많은 부모를 만나면서 매번 해
요. 그럼 페이스 조절은 어떻게 해야 할까요? 한마디로 말씀드

리자면 균형을 잘 맞춰야 해요.

육아의 말뜻은 '아이를 기른다'죠. 주어가 빠져 있지만 주어는 '부모'이구요. '부모가 아이를 기른다'에서 목적어인 '아이'에게 신경 쓸 뿐 아니라 기르는 주체인 부모 자신에게도 신경을 써야 해요. 아이 반 엄마(부모) 반, 균형감을 유지해야 해요.

'아이를' 잘 키우려고 내 모든 몸과 마음을 다해 노력한 분들은 결국 몇 년 안에 심신이 소진되는 경우를 많이 봐요. 아이를 키우기 시작하면서부터 몸 건강 유지의 가장 기본인, 먹고 자는 것에 문제가 생기기 시작하니까요. 아이 잘 재우고 잘 먹이는 데에 집중하느라 정작 부모인 나 자신은 먹고 자는 것에 소홀해지죠.

아이는 점점 자라는데 내 몸은 점점 더 축나는 것 같고, 마음은 더 갈팡질팡하는 그런 설명하기 힘든 복잡한 감정을 경험해요. 감정은 어떤 것이든 아무리 숨기려 해도 결국엔 드러나게 마련이고 아이에게 영향을 줘요.

   물론 아빠도 육아를 많이 할수록 느끼는 감정이지요. 아빠가
이 감정을 느끼기만 해도, 또 알기만 해도 엄마를 이해할 수 있
어요. 이번 책에서는 주양육자라면 느끼는 감정을 하나하나씩
자세히 풀어보려고 해요. 아이 키우느라 늘 뒷전이었던 부모
된 나 자신을 소중히 여기고 스스로를 잘 챙겨야겠다는 마음이
드는 계기가 되면 좋겠어요.

아이 키우며 느끼는
모든 감정에 대하여

엄마로 살다보면 복잡한 감정을 느낍니다. 떼쓰는 아이, 도무지 이해할 수 없는 시월드, 자기 엄마만 좋은 시어머니인 줄 착각하는 남편. 자존심을 긁는 이웃집 엄마 등등. 그로 인해 분노, 불안, 열등감, 수치심, 죄책감 등의 다양한 감정이 올라오지요.

　파도를 떠올려보세요. 우리나라에서는 볼 수 없는 어마어마한 크기라고 상상해보세요. 엄마로 살며 매일 경험하는 감정 에너지가 이런 파도 에너지와 비슷해요. 내 앞에 이러한 파도가 있다면 어떤 선택을 할까요?

　1. 끝까지 버티며 견딘다
　2. 포기하고 휩쓸려 간다

　많은 분들이 1번을 시도하다 2번을 선택할 거예요.
　복잡한 감정을 경험하는 것은 누구에게나 괴롭죠. 그래서 억누르며 버티려고만 하는데 오히려 사라지지는 않고 쌓이기만 해요. 쌓였다가 엉뚱한 순간에 폭발하고요. 감정을 '극복'하려고 안간힘을 쓰지만 결국 감정에 휩쓸려가는 건 시간 문제죠.

그렇다면 이러한 감정 에너지를 처리하는 방법이 있을까요?

서핑해보신 분들은 아실 거예요. 서핑을 하다가 사실 파도를 타는 시간은 별로 없죠. 대부분 시간 동안 편안하게 멍 때리고 있는 것처럼 보여요. 저도 서핑을 배우기 전까진 그냥 누워 있는 줄 알았어요. 하지만 이 시간은 아주 중요한 시간이었어요. 그냥 가만히 있는 것이 아니라 뒤를 주시하며 파도를 관찰하는, 크고 작은 파도들을 넘겨가며 타기에 적합한 파도를 고르는 시간이죠. 그러다보면 자신 있는 파도, 특히 취약한 파도를 알 수 있어요. 취약한 파도는 흘려보내고 자신 있는 파도를 타고 서핑을 즐기는 것이죠.

복잡하고 힘든 감정을 잘 처리하는 방법도 그와 비슷해요. 그 에너지가 클수록 극복하겠다고 참고 견뎌봤자 결국 휩쓸려요. 반대로 외면해도 결코 사라지지 않아요. 감정에 맞서 싸우거나 외면하기보다는 감정이 나 자신을 잘 통과해가도록 하는 게 최선이에요. 아무리 복잡한 감정이라 해도 감정을 하나하나

파악하는 동안 자연스럽게 그 감정이 수용되고, 그래야만 내 안에서 나온 내 감정이 나를 지나갈 수 있기 때문에 감정의 영향이 오래가거나 지나친 행동으로 이어지지 않아요. 상담하며 가장 많이 하는 작업 중 하나가 감정을 정확하게 발견하도록 도와주는 일이예요. 그러면 신기하게도 자신의 감정에 자연스러워져요.

자기 감정을 있는 그대로 느끼고 관찰함으로써 감정을 제대로 인지하는 것은 중요해요. 감정에 빠지지 않고 객관적으로 내 감정을 바라보는 작업이죠. 주인공이 아닌 관객 입장에서 일기 쓰듯이 오늘 내 안에 있던 감정들을 노트에 써보세요. 하루 동안 어떤 감정을 느꼈는지 생각이 나지 않아 처음엔 당황스럽기도 하고, 또 생각이 나더라도 표현하기 어려워 평소 감정을 인식하는 데에 익숙하지 않았다는 점을 알게 될 거예요.

감정의 종류를 어느 정도 인지했다면 감정의 정도, 그리고 상황에 적절했는지 따져보며 기록해보세요. 혹시 상황에 비해 감정의 정도가 지나쳤다면 그 원인을 추측해보세요. 예시를 보여드릴게요.

- ▶ **감정 종류**: 짜증난다. 화가 난다. 우울하다. 미안하다. 위축된다. 부끄럽다.
- ▶ **감정 정도**: -7점(평상심이 0점, 최악의 감정 경험 -10으로 했을 때 수치)
- ▶ **관련된 외부 상황**: 요즘 아이가 아프다. 아이가 아파서 더 떼를 많이 쓴다.
- ▶ **관련된 내부 상황**: 밤에 열나는 아이를 돌보느라 잠을 잘 못 잤다. 그래서 더 예민해진 것 같다.

'아마 그래서 감정 조절이 잘 안 되나보다'라고 자신의 상황에 따른 감정을 헤아려보는 것이지요. 그리고 그 느낌을 충분히 느껴가며 노트에 표현해보세요. 감정을 표현하는 동안 스스로 감정을 수용하다보면, 내 안에 머물러 있지 않고 흘러가는 경험을 하게 될 거예요. 감정은 억지로 극복하는 게 아니라 자연스럽게 나를 통과해 지나가게 하는 것입니다.

CONTENTS

Chapter 1   항상 아이를 사랑해야 한다는 생각 때문에 불편한 감정 신호

Chapter 2   자존감이 낮아서 생긴 불편한 감정 신호

아이 키우는 일이 불안해서
Chapter 3 불편한 감정 신호

엄마다워야 한다는 생각 때문에
Chapter 4 불편한 감정 신호

Chapter
1

항상 아이를
사랑해야 한다는
생각 때문에
불편한 감정 신호

아이를 사랑하는 만큼
힘든 마음

아이를 키우다보면 화가 치밀어 오르는 순간이 많아요.

버럭 하고 화를 내는 순간도 많고요.

아이에게 화내는 걸 정당화할 수도 없고,

대수롭지 않게 여기기에도 뭔가 찝찝한 기분이 들어요.

도가 지나친 것 같아서요.

'아무리 그래도 내가 엄마란 사람인데

이렇게 분노 행동을 해도 되나?'라는 생각이 들 땐

아이 반, 엄마 반이라는 균형의 관점에서 바라봐야 해요.

분노 행동의 이유가 아이의 특정 모습,

또는 특정 행동 때문이라면 전날 잘 잤을 때도,

못 잤을 때도, 배가 부를 때도, 당 떨어지는 느낌일 때도,

스트레스 받을 때도, 편안할 때도
비슷한 정도의 분노 반응이 나와야 해요.
실상은 어떨까요? 그때그때 다르죠.

분노가 반복되고 고민된다면
아이보다 엄마 관점에서 생각해봐야 해요.
분노 행동의 이유가 성격 문제, 또는 참을성 부족 때문이라면
결혼하기 전에도, 애를 키우기 전에도 지금 느끼는 분노를
수시로 느끼고 분노 행동을 수시로 했어야 해요.

육아는 분명히 일
●

요즘 유독 화가 난다면, 아이가 나쁜 행동을 해서가 아니라
유독 엄마가 마음을 다잡아야 할 게 아니라
더욱이 엄마 스스로에게 신경 써야 한다는 신호예요.
'그래도 이건 좀 너무 하다' 싶을 정도로 아이에게 화가 난다면,
특히 엄마 자신에게 좀 더! 좀 더 많이!
신경을 써야 한다는 신호이고요.
엄마만 느끼는 엄청난 압박감을 줄여 나가야 해요.

그럼에도 분노가 조절이 안 될 때, 아이에게 폭발할 것 같을 때,
소리지르고 고함치고 싶을 때

그 직전에 이런 생각을 꼭 하세요!

"이 아이는 내 아이가 아니다!"

당황스러우시겠지만, 왜 이런 생각을 해야 할까요?
정신분석의 창시자 프로이트가 말한 '인간의 정신건강 지표'는
크게 '일할 수 있는 능력'과 '사랑할 수 있는 능력'이에요.
육아는 분명히 일이에요.
더구나 그냥 일이 아니고 사랑하는 사람을 위해 하는 일이고,
아이를 사랑하는 일은 육아에서 가장 중요하죠.

'인간의 정신건강 지표 두 가지'가
완벽하게 접목되는 것이 육아라면
엄마는 정신적으로 건강해야 해요.
하지만 현실은 그렇지가 않죠.
육아는 '일'과 '사랑'이 구분이 안 되기 때문이에요.
엄마가 24시간 무한 사랑으로 아이를 대하는 것은 불가능해요.
불가능하기만 할 뿐 아니라 그렇게 해서도 안 돼요.
24시간 아이와 붙어 있는 것 자체가
육아우울증의 중요한 원인이에요.

일과 사람 구분하기

•

아이에 대한 화가 조절되지 않을 때는
나도 모르게 나 자신을 압박하던
'나는 우리 아이를 항상 사랑해야 한다'는 생각을
잠시 내려놓는 것도 한 방법이에요.
'한 사람을 사랑하는 것'과 '사람을 대하는 일'을
구분하는 능력이 필요해요.

잠시 아이를 사랑하지 않아도 문제가 되지 않아요.
'내 아이가 아니다'라는 마음을 가지면
아이에 대한 사랑은 잠시 멈추더라도
아이를 돌보는 '일'은 계속 할 수 있어요.
심리적 거리가 어느 정도 유지되어야 오히려
감정 회복이 빠르고 아이를 더 잘 사랑할 수 있어요.
긴가민가하면 어린이집이나 유치원 선생님을 생각해보세요.
아이를 학대하는 분들은 정말 극소수이고,
대부분의 선생님들은 아이에게 소리 한 번 지르지 않아요.
오히려 엄마보다 더 차분하고 부드럽게 대하죠.
엄마는 내 아이 한두 명 대하는 것도 감정적으로 벅찬데
왜 선생님은 혼자 열 명 이상 돌보는데도
감정적으로 크게 흔들리지 않을까요?

선생님의 인격이 훌륭해서? 아니죠.

바로 내 아이가 아니기 때문이에요.

선생님도 자기 자식에게는 분노 감정을 수없이 경험해요.

일과 사랑이 접목되었으니까요.

하지만 원생은 남의 아이이기 때문에

내 아이만큼 사랑하지 않기 때문에

오히려 감정에 휘둘리지 않고 돌보는 게 더 수월합니다.

그래도 너무 화가 날 때
●

지나치게 화가 날 땐 '내 아이가 아니다'라고 생각을 전환하고

딱 10초만 유지해보세요.

'나와 성격적으로 관련된 내 자식이다'

'내가 문제의 원인일지도 모르고

내가 문제를 해결해야 할 내 아이다'라는

부담스러운 생각에서 조금은 벗어날 수 있어요.

그래야 엄마 스스로도 분노 감정을 객관적으로

인식할 수 있어요.

그런 후에야 아이에게도 객관적일 수 있고,

아이가 원하는 걸 쉽게 파악해요.

결국 엄마 마음이 아이에게 잘 전달되어

나를 화나게 하던 아이의 행동이 조금씩 누그러집니다.

아이와 심리적인 거리를 두는 것은 중요해요.

나와 관련된 내 아이라는 압박감이

사랑하는 내 아이를 돌보는 일을 더욱 힘들게 합니다.

이 압박감에서만이라도 벗어나면

오히려 아이를 더 잘 사랑할 수 있어요.

남편도 알아야 할 육아감정   tip ●

소녀 같고 청초한 아내가 어느 날 괴물 같은 목소리와 얼굴로 아이에게 소리를 지르는 모습을 처음 목격했을 때 많이 놀라셨을 거예요. 아이를 키우는 엄마는 감정 조절에 취약해요. 누구보다 아이를 사랑하기에 엄마라는 역할을 잘 해내고 싶은데 잘 되지 않는 경우가 많아요.

아내의 모습을 보고 똑같이 화내지 마시고 '아이와 밀접한 아내의 삶이 많이 힘들구나' 하고 아내도 모를 수 있는 아내 마음을 우선 이해해주세요. 아이와 심리적 거리를 조금씩 둘 수 있도록 도와주세요. 최소한 아이와 함께하는 시간 동안이라도 아내가 아이와 분리될 수 있도록 아이를 즐겁게 해주며 아이와 돈독한 관계를 만들어가세요.

육아뿐 아니라 장기적인 교육에 있어서도 꾸준히 관심 가지는 모습을 보여줌으로써 아내가 '나 혼자 책임져야 할 나만의 아이가 아니구나'라는 편안한 마음을 갖게 해주세요.

아이에게
버럭하는 마음

전업맘이든 워킹맘이든 아이 깨우고 먹이고 입히고
등원시키고의 일과는 무한 반복되지요.
나 홀로 시간은 빛의 속도로 가버리고
또다시 아이 옷 벗기고 씻기고 먹이고,
아이와 놀아주고 책 읽어주고,
아이 양치시키고 재우고의 시간도 반복이고요.
아이 재우고 혼자만의 시간을 가지려 했는데
아이 재우다 나도 잠들어버리고,
그 다음날 다시 똑같은 일상이 매일 반복돼요.

매일 반복되는 버럭

●

매일 반복되는 게 또 하나 있죠. 요즘 엄마들의 '낮버밤반'이요.

낮에 아이에게 버럭하고 밤에 자는 아이 보며 반성하고.

그 다음날 낮에 버럭하고, 밤에 또 반성하고. 매일 무한반복이죠.

아이가 원에 다니거나 워킹맘인 경우엔

'아버낮반'+'저버밤반'으로 그 사이클이 두 배가 되죠.

아침에 등원이나 출근 준비하며 버럭 하고,

낮에 평정심을 가질 때 그 일이 생각나서 반성하고,

저녁에 아이를 보다보면 또 버럭 하고,

밤에 잠든 아이 보며 또 반성하고.

다음날도 그 다음날도 무한반복이죠.

아이를 직접 키워보기 전까진 머리로만 상담했던 것 같아요.

"아이에게 화내는 건 아이에게도 좋지 않고

엄마에게도 좋지 않으니 화를 내지 마세요."

"아, 네." ('그걸 누가 모르니?')

"엄마가 죄책감에 시달리는 건 엄마에게도 좋지 않고,

결국 아이에게도 좋지 않으니 죄책감 가지지 마세요."

"아, 네." ('그걸 누가 모르니?')

버럭과 미안함은 함께 찾아온다

●

아이에게 화를 내는 것도, 그런 자신을 보며 죄책감을 갖는 것도,
스스로 원해서 하는 게 아니라서
노력한다고 안 할 수 있는 게 아니에요.
이런 현상을 매일 무한반복하면서도
왜 나에게 이런 현상이 일어나는지
이해할 수 없어 더 괴롭기만 하죠
반성했으면 버럭 하지 말아야 하는데
그 다음 날 여지없이 반복하니까요.

정반대의 감정이 반복되는 자신을 보고 있으면
엄마의 덕목처럼 여겨지는 일관성이 없는 것 같고,
인격이 극과 극으로 분열된 것 같은 느낌마저 들어요.
하지만 과연 극과 극의 감정일까요?
문제 하나 낼 게요.

문제

본능대로 하다간 인류가 멸망할 수 있어서
잘 조절되어야 하는 중요한 본능 2가지는?

정답 성욕 & 공격욕

성욕과 마찬가지로 공격욕은 누구에게나 있어요.

하지만 엄마가 되면 바람직한 엄마 모습과 맞지 않아 보여서

공격성을 과도하게 억누르고, 그러다보면 우울해집니다.

실제로 심리학에서는 공격성 억압을

우울증의 원인 중 하나로 보기도 해요.

또 엄마로 살다보면 심신의 건강을 지키기 위해

가장 중요한 생체리듬인 먹는 것과 자는 것 패턴이 무너지죠.

엄마는 못 먹고 못 자면서 아이 먹는 것과 자는 것에는

굉장히 신경을 많이 써요.

그 두 가지가 가장 중요하다는 걸 알고 있는데,

정작 자신에게는 신경을 쓰지 못하는 거죠.

그러다보면 처음 몇 달, 몇 년은 버틸지언정 결국엔 지쳐요.

몸과 마음이 지친 상태에서는

적절히 억누를 수 있었던 것도 억누를 수 없게 되죠.

오히려 억누르며 쌓였던 것들이 한순간에 폭발합니다.

공격성이 폭발해 드러나면 그 방향성은 크게 두 가지예요.

남을 향하든지, 나를 향하든지.

남을 향한 공격성은 '낮버'(분노),

나를 향한 공격성은 '밤반'(죄책감)으로 나타나요.

분노와 죄책감은 표면적으로는 상극 같지만

이면에는 공격성이라는 공통점이 있어요.

공격성이 드러나는 건 우울한 마음과 관련이 많아요.

실제로 우울증에 걸리면 과도한 죄책감을 경험해요.

아이러니하게도 우울증에 걸리면

자살뿐 아니라 폭력, 살인도 많이 하죠.

-살인: 다른 사람에 대한 공격성 발휘

-자살: 자신에 대한 공격성 발휘

 ex) 우울증 엄마가 자식과 함께 동반자살

낮버밤반이 무한반복되는 이유가 조금은 이해되셨나요?

상반된 내 마음에 대한 이해만 해도 마음이 조금은 편해져요.

최소한 '내가 미친 건 아닐까?' 하는 생각은 그만 할 수 있어요.

잠이 부족하면 객관적인 생각을 못한다
●

낮버밤반 극복에서 가장 중요한 것은

낮버밤반의 근본원인을 해결하는 거예요.

가장 중요한 생체리듬인 먹는 것과 자는 것의

흐트러진 패턴을 본래대로 회복하는 것이죠.

엄마가 되면 지금까지 살면서 한 번도 경험해보지 않은

수면 패턴의 변화를 경험합니다.

낮이고 밤이고 푹 자지 못하고 한두 시간마다 깨죠.

2시간마다 젖 먹여야 한다 해서 2시간씩 여러 번 잘 줄 알았는데,

1시간 반마다 젖 달라고 깨고요.

젖먹이고 나면 트림시켜야 하고,

기저귀 갈고 기타 등등 하고 자려고 하면

아기가 깰까 봐 불안해서 잠이 안 오죠.

그리고 진짜로 들립니다. 그 소리가. '응애 응애~~'

저는 인턴 레지던트를 겪어 잠만큼은 자신 있었는데,

첫째 신생아 때 그 자신감이 무너졌어요.

아무리 당직을 서고 일이 많더라도 교대 근무라서

매일 한두 시간마다 계속 깨는 일은 없었으니

비교가 되지 않았죠.

하지만 많은 엄마들이 이 모든 걸 혼자 감당하고 있어요.

하루 24시간, 주 7일 on-call(대기중) 풀당직인 셈이에요.

사람은 18시간 동안 잠을 자지 않으면 인지기능이 떨어지는데,

그 정도가 면허 정지에 해당하는

혈중알코올 0.05% 상태와 비슷하다고 해요.

쉽게 말해 아침 6시에 일어나서 밤 12시까지 육아를 했다면

인지기능이 술 취한 상태처럼 되는 거죠.

인지기능이 떨어지면 집중이 안 되고

멍 하고 효율도 떨어질 뿐 아니라,

합리적이고 객관적인 생각을 할 수 없어요.

인지 왜곡(극단적으로 치우친 생각)이 그때 많이 일어납니다. 예를 들어,

ex) 나는 나쁜 엄마다. 우리 아이는 불쌍하다.

사실 이 연구는 밤 12시부터 아침 6시까지

푹 잔 경우의 이야기예요.

보통 엄마들은 밤에도 자다 깨다를 반복합니다.

아이가 100일의 기적이 일어날 때까지는 물론이고,

그 이후에도 아이는 자다가 이런저런 이유로 자주 깨죠.

아이가 깨지 않고 낑낑대는 소리만 내도 엄마는 잠을 뒤척여요.

아무 소리가 나지 않아도 울음소리 환청이 들리기도 하고요.

사실 듣고 싶지 않고 반응하고 싶지 않은 아이의 신음소리,

울음소리가 왜 나만 들리는지, 왜 남편은 못 듣는지

뭔가 불공평하다는 생각 때문에 화가 날 때도 많아요.

이건 남녀 차이는 아니에요. 제가 듣고 아내가 못 듣거든요.

주양육자가 누구냐의 차이예요.

주변에 전업아빠를 하시는 분들 봐도 마찬가지고요.

자꾸 깨면 감정에 취약해진다

●

자다 깨는 것이 좋지 않은 이유는
감정에 취약하게 만들기 때문이에요.
한 연구에서 똑같은 총 수면시간인데,
'자꾸 깨워서 잠을 못 자는 그룹'
'좀 늦게 자지만 쭉 자는 그룹'으로
나누어서 실험을 했어요. 결과는 어땠을까요?
두 그룹 모두 자꾸 깨거나 늦게 자기 때문에
부정적인 기분이 동일한 패턴으로 증가했어요.
하지만 자꾸 깨워서 잠을 못 자는 그룹이
긍정적인 기분을 유지하기가 힘들었어요.

자꾸 깨면 단순히 짜증나는 정도가 아니라
긍정적인 감정을 지속하기가 힘들어요.
신생아 때가 지나 돌, 두 돌, 세 돌 지나며
아이의 수면은 점점 안정화되어가요.
함정은 아이는 어느 정도 커서 잘 자는데
여전히 엄마는 자주 깬다는 거죠.
수면 패턴이 불안정한 시기가 길수록
회복하기가 그만큼 어렵기 때문이에요.

그리고 불규칙적인 수면 패턴이 장기화되면 희한하게도

남성보다 여성이 영향을 많이 받아요.

한 연구 결과, 불규칙한 수면패턴이 단기간일 땐

여성이 기억력과 감정 조절에 강한 면모를 보이지만,

장기간 지속되면 남성보다 더 약해진다고 해요.

그럴 때 여성이 우울증에 걸릴 위험성이

남성의 경우보다 3배 높아져요.

대학 시절 성적 상위권은 모두 여학생이었던 기억이 납니다.

여학생들은 시험 기간에 잠을 안 자도

기억력이 좋아서 시험을 잘 보지만,

남학생들은 밤새 공부해도 기억이 하나도 안 나고

시험도 못 보고 감정 조절 안 되어서 짜증만 냈던 것 같아요.

하지만 장기적으로 잠을 자지 못하면 반대로 여성이 취약해요.

누가 아이를 데리고 잘 것인가
•

지금까지 이야기에 공감하면서도

한편으로는 이런 생각이 들 거예요.

'아이랑 자는데 어떻게 안 깨고 잘 자나요?'

맞는 말이에요. 하지만 거기에 답이 있어요.

되도록 아이랑 안 자야 해요.

우리나라 문화상 아이가 어릴 때부터 각 방을 쓰는 건

여러 가지 고려사항이 많지만

최소 일주일에 한두 번이라도 아이 없이 꿀잠을 자야 해요.

엄마가 아닌 다른 누군가가 아이를 데리고 자야 해요.

누가 생각나시나요? 이미 연구 결과를 소개해드렸죠.

"불규칙한 수면패턴이 단기간일 때엔

여성이 남성보다도 강한 면모를 보이지만

장기간 지속되면 남성보다 여성이 힘들어진다."

육아 = 마라톤 = 장기간

남성 = 남편

하지만 많은 엄마들이, 특히 전업주부들이 반대로 생각해요.

남편이 잠을 못 자면 다음 날 일에 지장 있다고요.

물론 잠 못 자면 일에 지장 있죠.

하지만 언급했듯이 육아도 일이에요.

육아에도 지장이 있어요.

한국여성정책연구원에서 발표한

'전업주부, 연봉을 찾아라'를 살펴보면,

초등학교 1학년 딸과 3살 아들을 둔

전업주부의 가사노동을 월급으로 환산하면 371만 원,

연봉으로 따지면 4,452만 원이라고 해요(2008년 기준).

다른 나라지만 캐나다는 전업 주부의 연봉을

1억 2천만 원, 미국은 1억 천만 원까지 산정해요.

강의할 때 질문해보면

아빠가 아이를 데리고 자는 경우는 별로 없어요.

'아이가 엄마랑만 자려고 한다'는 게 가장 많은 이유였어요.

아이 입장에서는 당연해요. 처음부터 엄마랑만 잤으니까요.

아이는 그게 익숙하니까요.

엄마 없이 자는 연습
•

❶ 홍수법

극단적인 예이지만 엄마가 독박육아를 하다가 입원하는 경우,

친정이나 본가 도움 없이 아이와 자야 하는 상황에서,

아빠는 아이와 지지고 볶다가 며칠 안에 잘 데리고 자게 됩니다.

❷ 단계적 노출법(한두 달 이상 길게 보고,)

　처음엔 엄마 아빠 다 같이 자기

→ 아이 잠들면 엄마 슬쩍 빠지기

→ 아이 잠들기 10분 전에 엄마 빠지기

→ 아이 잠들기 20분 전에 엄마 빠지기

→ 이 모든 과정 중에 아이가 눈치 채고 강하게 거부하면
   다시 그전 단계부터 시도하기

정기적인 꿀잠 사수하기
●

실은 두 가지 방법 모두 고소공포증, 물공포증, 새공포증처럼
특정 대상에 공포가 있는 이들을 위한 공포증 치료법이에요.
아이에겐 엄마 없이 아빠와 자는 게
그만큼 공포처럼 다가올 수 있어요.

사람은 사람답게 살아야 사람다운 마음을 가질 수 있어요.
하지만 많은 엄마들이 사람답게 사는 것의 기본인 잠조차
제대로 못 자고 있죠.
최소 일주일에 한두 번은 아이 없이 푹 자야 해요.
기러기 아빠나 싱글맘의 경우엔 친정, 형제 집에
일주일에 한 번만이라도 아이를 맡기고
아이 없이 푹 주무셔야 해요.

도움 받을 사람이 전혀 없는 분들은

돌보미 서비스를 이용하거나 어린이집에 계획보다 일찍 보내
낮잠이라도 푹 자는 것도 한 방법이에요.
1주일에 한두 번 아이와 따로 잔다고 해서
애착 문제라든지 각종 육아 문제가 생기지 않아요.
오히려 엄마가 잠을 못 자
인지 기능과 감정 조절 기능이 떨어지면
애착 형성의 3요소인 민감성, 반응성, 일관성에 문제가 생겨요.
엄마의 인지 기능과 감정 조절을 위해서라도
정기적인 꿀잠을 꼭 사수하세요.

남편도 알아야 할 육아감정   tip ●

아내가 유독 아이에게, 혹은 자신에게 화내는 일이 많아졌다면 일주일
에 한두 번은 아내가 혼자 잘 수 있도록 배려해주세요. 아내는 잠을 자
는 그 순간에도 아이가 혹시 추울까 혹시 더울까 혹시 이불이 숨을 못
쉬게 막지는 않을까 걱정해서 잠을 뒤척여요.
그리고 그런 걱정이 없더라도, 아이의 미세한 신음 소리, 심지어 기저
귀에 쉬하는 소리에도 잠이 깨요. 자면서 360도 회전하는 아이의 몸과
매번 부딪히며 자고요.
가능하면 일주일에 한두 번, 그게 불가능하면 2주에 한 번, 한 달에 한
번이라도 아내가 꿀잠 자는 시간을 지켜주세요.

아이 키우며
폭식하는 마음

엄마가 되면 지금까지 한 번도 경험하지 못한
식습관의 변화를 경험해요. 쉽게 말해 흡입하는 것이죠!
보다 효율적으로 흡입하기 위해 도둑밥을 만들어 먹기도 하고요.

신생아 때엔 아이가 낮이고 밤이고 2시간마다 먹으니
먹이고 트림시키고 재우고 기저귀 갈고를 무한반복하죠.
그 틈틈이 젖병 삶고 애기 옷 빨래하고
애가 먼지 먹을까 봐 방청소 하다보면
밥 먹을 시간을 내기란 쉽지 않아요.
오전에서 오후로 넘어갈 때 도저히 안 되겠어서
밥에 있는 반찬 다 넣고 비벼 아이 옆에서 도둑밥 아점을 먹는 게
아이 키우는 엄마들의 일상이에요.

도둑밥 아점도 흡입하는 엄마들

•

애가 이유식이나 밥 먹을 정도로 크면
인간답게 밥 먹을 거라 꿈꿨는데,
여유롭게 애 한 숟갈 먹이고
여유롭게 나 한 숟갈 먹을 줄 알았는데,
현실은 애 한 숟갈 먹이고, 엄마 한 숟갈 먹으려 하면
바로 또 달라고 징징거리죠.
더 커서 숟가락으로 먹게 되면 상황이 좀 나아질 줄 알았는데
이번에는 숟가락이나 음식을 바닥에 떨어뜨렸다고 주워달라고,
입, 손, 옷에 묻었으니 닦아달라고 계속 징징 댑니다.

아이의 요구에 재빨리 반응하는
좋은 엄마가 되기 위해서가 아니라
내 귀를 예민하게 하는 주파수의 징징 소리가 듣기 싫어서
요구사항을 하나하나 해결해주다보면 결국 밥 먹을 시간이 없죠.
그래서 작전을 바꿔봅니다.
'애 먼저 먹이고 여유롭게 먹자!'

하지만 현실은 애 먼저 먹이고 나중에 엄마가 먹으려 하면
자기 다 먹었다고, 이젠 놀아달라고, 책 읽어달라고
이것저것 요구합니다.

아이가 조용히 있어서 여유롭게 먹으려고 하면
뭔가 사고 치고 있을 확률이 높고요.
그래서 아이가 어리든 어리지 않든 결론은 비슷하죠.
바로 흡입!

엄마들이 흡입하는 이유
●

또 배고플 때만 불규칙하게 흡입하듯
식사를 하는 것도 엄마들의 공통점이에요.
이 식습관은 폭식증의 흔한 원인이에요.
사람 몸은 신기하게도 규칙적인 삼시세끼가
주어지지 않으면 비상사태로 인식해요.
만약을 위해 지방을 비축하는 것은 물론
비상사태에 맞게끔 몸과 마음이 세팅되지요.
전문용어로 교감신경 항진이라고도 하고요.
그 결과 혈압, 맥박 등이 조절되지 않고
쉽게 긴장 상태에 놓여 흥분하고 조급해져요.

가뜩이나 아이 때문에 여유가 없는데
조급해지기까지 하니 더 빨리 먹게 됩니다.
빨리 먹으면 그만큼 상대적으로 포만감이 늦게 오기 때문에
과식하기 마련이죠.

이게 반복되다보면 당 떨어지는 느낌을

잘 견디지 못하는 상태가 됩니다.

그래서 중간중간 달달한 간식을 먹죠.

저도 아이 키우기 전엔 아메리카노에 시럽 넣는 건

커피에 대한 모독인 줄 알았어요.

근데 아이를 키우다보니 당 떨어지는 느낌을

견딜 수가 없어서 시럽으로도 부족해졌어요.

처음부터 달달한 게 당기죠.

그러다보면 얼굴엔 둥근해가 뜨고 몸은 점점 불어납니다.

그 얼굴과 몸매를 볼 때마다 짜증이 나고요.

폭식은 부정적인 감정과 연결된다
●

육아 자체가 스트레스인데 몸매까지 스트레스를 받아요.

이런 스트레스를 해소하려고

또다시 흡입하고 악순환이 반복되죠.

이처럼 부정적인 감정 상태는 폭식과 관련이 많아

실제로 폭식증은 우울, 불안, 분노, 죄책감, 자존감 저하,

완벽주의, 공허함, 외로움 같은 부정적인 감정 상태일 때 생겨요.

이런 감정들은 엄마로 살면서 자주 경험하는 육아감정과도 같죠.

폭식이 반복되면 이런 감정들이 더 강화돼요.

엄마로 살다보면 이런 감정을 억누르기 쉬워요.

억울하게도 억눌린 감정 자체가 또 폭식으로 이어지거든요.

좋은 엄마가 되어야 한다는 압박감 때문에 감정을 억누르다보면

쌓인 만큼 또 흡입으로 이어지는 거죠.

잘 먹는다는 건 여유롭게 규칙적으로 먹는 것

●

엄마가 폭식을 하고 살이 쪘다면

그건 게을러서도 아니고 조절력이 부족해서도 아니에요.

내 몸이 나 자신을 챙겨달라는 신호를 온몸으로 보내는 거예요.

스스로 내 자신을 자책할 게 아니라 오히려 잘 먹어야 해요.

잘 먹는다는 건 많이 먹는 게 아니라

천천히 여유롭게 먹는 거예요.

그런데 아이와 여유는 절대 공존할 수 없죠.

조급함과 흡입이라는 좋지 않은 습관을 바꾸기 위해서

일주일에 1~2번이라도 아이 없이 식사를 해야 해요.

그러려면 다른 사람의 도움이 꼭 필요해요.

친정, 시댁, 돌보미 서비스, 어린이집 등이 있지만

우선은 남편이죠.

문제는 남편들은 여유로운 식사의 절박함을

아무리 말해도 몰라요.

나쁜 사람이어서가 아니라 겪어보지 않아서예요.

살쪘다고 게걸스럽게 먹는다고 잔소리하는 남편이 있다면

밥 먹을 때에 무조건 애 옆에서 먹게 하세요.

엄마는 한 칸 옆에서 드시거나 다른 시간에 드시고요.

아이가 아빠 옆에서 잘 먹지 않아도 눈 딱 감고 버티셔야 해요.

잘 먹는다는 건 규칙적으로 먹는 거예요.

아이 먹이고 치우고 나 먹을 생각하면

나 먹을 힘이 없거나 아이가 놀아 달라 해서

제대로 먹기 쉽지 않아요.

배고플 때에만 대충 챙겨먹는 이 습관을 버려야 해요.

아무리 바빠도 하루 3끼 적절한 양을 규칙적으로 먹어야 해요.

아이 먹였으면 치우기 전에,

아이가 놀아달라 징징대도 꼭 챙겨 드세요.

이보다 더 좋은 건, 아이가 밥 달라고 징징대도

아이 한 숟갈, 나 한 숟갈 먹는 거죠.

규칙적으로 제때 식사를 해야

포만감이 조절되고 과식을 하지 않아요.

엄마가 잘 먹어야 신체적으로 심리적으로 건강해지고,

그게 고스란히 아이에게 남편에게 돌아가요.

아이 반 엄마 반의 관점을 확실히 갖고

아이 먹는 것만큼 엄마 먹는 것에 신경 쓰세요.

남편도 알아야 할 육아감정   tip ●

아내가 균형 잡힌 식사를 일주일에 한 번이라도 여유롭게 하도록 배려해주세요. 빵과 라면 인스턴트 음식을 자제하고, 건강한 음식을 규칙적으로 먹을 수 있도록 함께 이야기 나눠보세요. 살이 쪘다든가, 다이어트하라든가 하는 잔소리보다는 함께 식습관을 바꿔보는 것도 좋은 방법입니다.

아이에게 지나치게
미안한 마음

초간단 심리테스트 1

•

아이를 낳고 케이크를 보면 누구 생일이 생각나세요?

❶ 아이 생일이 생각난다.

❷ 남편 생일이 생각난다.

❸ 내 생일이 생각난다.

자신의 생일이 가장 먼저 생각난다면
심리적으로 건강한 분이에요.
보통 아이를 키우는 많은 분들이 케이크를 보면
아이 생일을 떠올려요.

아이들이 케이크를 정말 좋아하니까요.

케이크도 좋아하고 촛불 끄는 것도 좋아하고,

케이크에 촛불을 몇 번씩 붙였다 껐다 반복하는 것도 좋아해요.

아이들 생일뿐 아니라 엄마, 아빠, 할머니, 할아버지 생일에도

아이들이 촛불을 불어서 끄는 일들이

각 가정마다 흔한 풍경일 거예요.

비슷한 심리테스트 하나 더 해볼게요.

초간단 심리 테스트2

•

놀이터에서 만난 다른 엄마가 "이름이 뭐예요?"라고 물어볼 때,

누구 이름을 말하는 걸까요?

❶ 아이 이름 ❷ 자기 이름

초간단 심리 테스트3

•

키즈카페에서 만난 멋진 아빠가 "몇 살이에요?"물어볼 때,

누구 나이를 말하는 걸까요?

❶ 아이 나이 ❷ 자기 나이

놀이터나 키즈카페라는 환경에서는

아이의 이름이나 나이를 지칭한다는 게 통상적이죠.

하지만 모두 2번을 고르셨다 해도 심리적으로 건강해요.

아이와 자신에게 향한 마음의 분담 정도만 보면

아이 반 엄마 반 균형 육아에 근접했기 때문이에요.

자신과 아이를 구분하지 못하는 엄마들

●

'엄마라면 아이를 먼저 생각해야 하는 거 아닌가?

엄마가 이래도 되나?'하는 생각은

아이를 위해 자신의 삶을 희생하는 것을

미덕으로 여기는 문화에서 자란 사람들에게 당연해요.

나도 모르게 자연스럽게 형성되어 내 안에 있기 때문이에요.

잠시 아이 얘기를 해볼게요.

정상적으로 발달한 아이들은 두 돌, 세 돌 정도가 되면

심리적으로 엄마와 어느 정도 분리 가능한 대상항상성이 생겨요.

엄마가 당장 보이지 않아도 어딘가에 있다는 믿음이 있기에

궁금한 게 참 많은 이 세상을 편안한 마음으로 탐색할 수 있죠.

아이는 그렇게 자라고 있음에도 정작 엄마가 아이와 심리적으로

분리가 안 되는 경우를 많이 봐요.

아이와 나는 독립적인 인격체인데도

엄마가 자신과 아이가 구분되지 않는 거죠.

엄마가 아이가 되어 살고 있는 경우가 참 많아요.

엄마로 살면 내 이름이 없어진다
●

슬프게도 엄마 자신과 아이와의 구분은 쉽지 않아요.

엄마가 됨과 동시에 20~30여 년 동안 불려온 내 이름 대신,

누구 '엄마'인 새로운 이름에 익숙해져 살아가기 때문이죠.

지금까지 내 모습과는 전혀 다른 정체성을 부여받는 셈이에요.

하지만 아무리 누구 엄마로 살더라도

자기 자신이 없는 삶이 지속되다보면

결국엔 거부 반응이 나오기 마련이에요.

아이 챙겨주고 자신도 챙기면 좋은데

아이를 키우다보면 그게 잘 안 되죠.

챙기는 것도 아이 중심으로 자꾸 쏠리고요.

그럴수록 엄마 자신은 점점 사라져가요.

가끔은 의도적으로라도

아이가 아닌 엄마 자신을 위한 것을 찾아야 해요.

그래야 균형 육아가 이루어지고,

그래야 엄마가 심리적으로 건강해지고,

아이도 심리적으로 건강하게 잘 자라요.

과도하게 미안한 마음의 이유
•

엄마 정체성 이야기를 하는 이유는
엄마들만 경험하는 과도한 죄책감을 극복하는 팁이
이 정체성에 있기 때문이에요. 한 번 생각해보세요.
아이를 키우며 언제 죄책감을 느끼나요?

- 나는 혼합수유 하는데, 완모하는 엄마를 볼 때
- 나는 이유식 사 먹이는데, 직접 해 먹이는 엄마를 볼 때
- 전업맘인데 세 돌 전에 어린이집 보낼 때
- 아이가 아파도 어린이집에 보내야 할 때
- 남들은 아이를 좋은 곳 데려가는데 난 데려가지 못할 때
- 아이에게 늘 온화하고 부드러운 모습을 보이지 못할 때

하나하나 나열할 수 없을 정도로 수두룩하죠.
'기승전 엄마잘못'처럼 여겨지니까요.
양육 죄책감은 자기가 생각하는 이상적인 양육 행동에
미치지 못할 때에 유발돼요.

몇 년 전부터 프랑스 엄마 책들이 베스트셀러죠.

프랑스와 한국은 여러 가지 실정이 워낙 다르지만

양육 행동과 관련된 죄책감을 많이 가지지 않는 점은

한 번쯤 생각해볼 부분이에요.

책을 읽은 사람들이나 살다 온 사람들은 알겠지만

프랑스 엄마들은 요가 수업이나 미용실에 가는 등,

자신을 가꾸는 것에 죄책감을 느끼지 않아요.

거실을 아이 물건으로 채우지 않고

모유수유도 한 달 만에 끊고요.

우리는 아이 생각에 그게 잘 안 되는데

그들은 가능한 이유가 무엇일까요?

양육 죄책감 극복법

•

분노가 마음대로 조절되지 않는 것처럼

양육 죄책감도 마찬가지예요.

그래서 의지로 극복하는 것보다는 다른 관점에서 접근해야 해요.

그건 바로 자기 자신에게 집중하는 것이에요.

엄마가 아닌 자신의 정체성을 놓지 않는 거예요.

엄마가 되더라도 자기 자신은 그대로고

엄마라는 정체성 하나가 추가되었을 뿐인데,

자기도 모르는 사이에 점점 자신은 없어지고

엄마라는 정체성으로 갈아타버리죠.

자신이 아예 없어지면 그나마 다행일 텐데

엄마도 사람이라서 그게 되지 않아요.

엄마가 아닌 자신의 정체성에 대한 소망이

무의식 안에 머물러 있다가 어느 순간 터져 나와서 폭발해요.

아이가 내 바람대로 자라지 않는 것 같을 때,

머리로는 그걸 이해하면서도

감정적으로는 과도한 반응이 나오죠.

아이의 삶이 곧 자신의 삶이기 때문이에요.

아이가 엄마를 떠나 독립할 때는 혼란스러워

우울증에 빠지는 경우도 많아요.

아이에게 미안할수록 아이에게 잘해주려고 노력하기보다,

반대로 엄마 자신에게 잘해주려고 노력하세요.

아이에게 잘해주려고 노력할수록 이상적인 육아에 집착하고,

현실과의 괴리감으로 또다시

죄책감을 유발하는 악순환을 겪거든요.

아이와 상관없는 엄마 스스로의 삶을 잘 챙겨야,

몸과 마음이 편해져야

죄책감이라는 나를 향한 공격성이 조절돼요.

그래야 인지 왜곡으로 인한 지나친 죄책감에서

조금이라도 벗어날 수 있고요.

또 안정된 마음으로 아이를 더 잘 키울 수 있고요.

꼭 일이나 거창한 취미생활을 하라는 게 아니에요.
정기적으로 먹고 싶은 걸, 먹고 싶은 사람과 먹어야 해요.
자고 싶으면 아이를 맡기고 꿀잠 자야 해요.
보고 싶은 게 있으면 아이가 아닌
혼자 또는 친구와 보러 가야 해요.

정기적으로 엄마 자신을 위한 삶을 계획하세요.
과도한 죄책감을 근본으로 하는
나쁜 엄마 콤플렉스를 벗어나는 법이기도 하고,
엄마도 아이도 심리적으로 건강해지는 비결이에요.

아내에게 절대 하지 말아야 할 말이 있어요.

"당신 그러고도 엄마 맞아?"에요.

가뜩이나 매일 아이에 대한 죄책감으로 가득할 수밖에 없는 엄마의 마음에 비수를 꽂는 말이에요. 아내가 별것 아닌 아이 일에 민감해하고 미안해한다면, 다음부터 잘하면 된다는 말보다는 아이 아닌 엄마 자신에게 신경 쓸 수 있도록 인식의 변화를 조금씩 주세요.

당장 할 수 있는 건 누구누구의 엄마가 아닌 아내 이름을 다정하게 불러주는 거예요. 정체성은 이름으로부터 시작되니 아내의 이름을 찾을 수 있도록, 그리고 아이와 상관없는 아내 자신의 삶도 찾을 수 있도록 물심양면으로 도와주세요. 그런다고 아이를 방치하지 않아요. 오히려 아이에게 불필요한 미안함에 사로잡혀 이리저리 휩쓸리지 않는 심리적으로 건강한 엄마가 된답니다.

아이 재울 때 드는
복잡한 마음

9개월 동안 기다린 아기가 태어나면 참 예쁘죠.

특히 잠든 순간이 자주 있으니 사랑스러워 보일 때가 많아요.

깨는 순간이 자주 있다는 게 함정이지만요.

분명히 잠든 것 같은데도 바닥을 본능적으로 거부하는

등센서 탑재는 아이들의 공통점이고요.

100일의 기적이 지나며 낮과 밤 구분도 생기고 통잠도 자면,

다 키운 것 같은 착각에 세상을 다 가진 것 듯해요.

물론 그것도 잠시지만요.

아이가 자도 불안하다

•

2~3시간씩 낮에 통잠을 자주면 그동안 푹 쉴 줄 알았는데

밀린 집안일들이 눈에 보여 그것들 처리하느라 쉴 수도 없어요.
아이가 깰까 봐 조심조심 소리 안 나게 일하고,
밥그릇 소리 날까 봐 밥도 제대로 먹지 못하다보면
아이가 잘 때조차 긴장하는 나 자신을 발견합니다.

혹시나 택배 올까 봐, 핸드폰 울릴까 봐, 인터폰 울릴까 봐
마음이 편하려야 편할 수가 없죠.
그리고 우려하던 일이 진짜로 일어나면,
특히 그것 때문에 아이가 깨어나면
온몸이 부르르 떨릴 정도로 짜증이 나기도 해요.
그래도 좋은 엄마이고 싶어서,
그 마음 꾹 누르거나 숨긴 채 깨어난 아이를 대하죠.

아이가 커갈수록 낮잠도 그렇지만,
밤잠을 거부하는 것 역시 아이들의 공통 현상이죠.
특히 내일의 개념이 없는 두 돌 미만의 아이들은
밤잠을 엄마와 떨어지는 무서운 순간으로 인식해
최대한 거부하고 억지로 재우면 울기도 해요.

엄마 입장에서는 아이 재우고 할일이 많은데,
할 일이 없더라도 나만의 시간을 갖고 싶은데,
아이가 제때 잠을 자지 않으면 화가 날 때가 있어요.

아이가 잠드는 시간에 따라 엄마 삶의 질이 달라지니까요.

엄마는 아이의 밤잠을 위해 낮 동안 활동량도 늘려보고,
세수하고, 양치하고, 책 읽어주고, 불 끄고 이야기해주고
토닥여주는 등의 수면의식을 규칙적으로 해보기도 해요.
안정된 수면습관을 위해 이런저런 노력을 해요.
또 엄마가 자는 척하면
아이들도 포기하고 잔다는 얘기를 듣고 도전해보니,
정말로 아이가 잘 자는 것 같은데
이 방법엔 생각지도 못한 함정이 있죠.
바로 엄마도 같이 잠들어버린다는 점이에요.

아이 재울 때 생기는 조바심
●

이 방법도 저 방법도 맞지 않는 것 같고
잠은 잘 재워야겠고 하다보니,
아이 재울 시간만 되면 조바심이 생기고 긴장이 됩니다.
'오늘은 몇 시에 잠들어줄까?'
'재우고 나서 뭐 하고 뭐 하고 뭐 해야지' 하면 생각이 많아져요.

하지만 아이는 엄마 마음은 모른 채
목이 마르지도 않은 것 같은데 물 달라고 하고,

옛날이야기 해달라고 하고, 심지어 배고프다고 하며
잠 시간을 늦추죠.
애가 둘 이상이면 자기들끼리 낄낄거리며 빵빵 터지고
점점 흥분하고 각성되다보면 잠에서 점점 더 멀어집니다.
유난히 할일이 많은 날 아이는 평소보다 더 잠을 거부해요.

가뜩이나 아이 재운 후 이런저런 할일들을 생각하면
조바심과 긴장이 생기는데,
'아이가 늦게 잠들면 일을 시작하는 시간이 늦어지고
내가 잠드는 시간은 더 늦어지니
나는 내일 더 피곤할 텐데' 하는 생각이 반복되다보면
더 긴장되고 더 조바심이 생기고 빵 터질 것 같은 마음이 듭니다.

진짜로 아이가 쉽게 잠들지 않으면 아이에게 버럭하기도 해요.
수면습관에 가장 중요한 '평화'로워야 할 잠자리가
'공포' 분위기로 바뀌고 나서야 아이는 잠이 들어요.
새근새근 자는 아이를 보면 아까 기를 쓰고
안 자려던 아이와는 전혀 다른 얼굴로 보입니다.
말 그대로 천사 같죠. 그리고 말합니다.
"엄마가 미안해."

머리로는 여유를 가지고 아이에게 편안한 잠자리를

만들어주고 싶지만, 마음은 늘 조급하고 긴장한 나머지
불편한 잠자리를 만들어주는 이유가 뭘까요?

잠에 관대하지 못한 이유
●

사람이 사람답게 살기 위해 가장 중요한 것 중 하나는
바로 잠이에요.
우리는 그걸 머리로 인식하지 못하더라도
마음은 본능처럼 알고 있어요.
그래서 내 잠에 조금이라도 방해가 되면
그게 누구든, 심지어 아이일지라도 감정이 편안할 수가 없어요.
필사적으로 내 잠을 지키고 싶은 거예요.
아이의 수면은 내 수면과 직결되니
아이의 수면에 관대하려야 관대할 수가 없는 거죠.

아이를 재우다 아이가 잠들랑말랑 할 때,
늦게 퇴근한 남편이 현관문 쾅 열고 쿵쿵 걸어서 들어올 때는
말할 것도 없고, 여러 번의 주의 결과 아주 조심스럽게
현관문 열고 종종걸음으로 조심조심 들어오더라도,
그 작은 소리가 소음처럼 느껴져요.
아이를 키운 후 남편과의 잠자리조차도
잠의 또 다른 방해 요소로 여겨 자꾸 거부하는 이유예요.

이 모든 게 내가 천성이 나쁜 아내라서

인내심이 부족한 엄마라서가 결코 아니에요.

조바심과 긴장을 극복하는 법

●

아이가 잠만 잘 자주면 아이 키우는 일이 수월할 것 같은데,

수면습관을 잡아주기 위해 아무리 노력해도

아이의 기질이 천차만별이니 잘 적용되는 아이도 있고

그렇지 않은 아이도 있어요.

어떻게 하면 아이 재울 때마다 경험하는

조급함과 분노의 감정을 덜 경험하고

나만의 시간도 확보할 수 있을까요?

모든 분들에게 해당되는 사항은 아니지만

많은 분들이 사용하고 있고, 저도 사용하는 방법은

밤이 아닌 새벽을 활용하는 것입니다.

예를 들어, 9시에 자서 3-4시에 일어나기,

10시에 자서 4-5시에 일어나기.

아이와 뒹굴다 함께 잠들면 되니

긴장감과 조바심이 조금은 줄어들고,

엄마가 편안한 마음이면 아이도 편안한 마음으로

전보다 조금 수월하게 잠들어요.

엄마가 아이보다 먼저 잠들기도 하니
아이도 금방 따라 잠들기도 하고요.

새벽을 활용하면 장점이 또 있어요.
엄마에게 가장 필요한 안정적인 감정 상태를
처음부터 형성해준다는 점이에요.
아이를 재운 뒤 나만의 시간을 가지면,
하루 동안 아이를 돌보며 경험한 분노, 죄책감, 조급함, 우울,
불안 등 복잡한 감정이 해결되지 않은 상태라
그 감정을 해결하느라 많은 시간을 또 보내야 해요.
그 감정에 압도되어 그냥 시간을 허비하기도 하고요.
그런데 먼저 잠을 자고 나만의 시간을 가지면
새로운 감정 상태에서 차분하게
나만의 시간을 효과적으로 사용할 수 있어요.
수면의 중요한 기능 중의 하나가 감정의 리셋 기능이거든요.

새벽형 인간으로 살아본 적이 단 한 번도 없었더라도
한번 시도해보세요.
같은 새벽도 다르게 느껴지고 삶의 질도 전보다 높아집니다.

아내가 유독 밤에 아이 재울 때 예민하다면 그만큼 마음이 분주하기 때문이에요. "왜 이렇게 예민하냐, 애를 왜 잡냐"라는 말보다는, 밤에 할일이 있는지, 또는 낮에 피곤해서 조금이라도 더 일찍 쉬고 싶은지 우선 물어봐주세요. 때론 밤에 딱히 급한 일이 없고 낮에도 피곤하지 않았어도 밤에 아이 재우며 예민할 수 있어요.

그건 엄마로 살다보면 육아로, 집안일로 혼자만의 시간이 없어서 조용히 혼자만의 시간을 보내고 싶다는 거예요.

아내의 복잡한 마음을 이해한다면, 그날 밤엔 아이를 도맡아 재우고 아내에게 자유를 주세요. 이후 아이뿐 아니라 나에 대한 눈빛부터 말투까지 부드러워진 아내를 볼 수 있을 거예요.

쉬어도 쉬어도
쉬고 싶은 마음

아이는 태어나자마자 누군가의 도움 없이는
몇 시간도 살 수 없는 존재죠.
엄마는 누가 시키지 않아도 이 아이를
잘 키워야 한다는 마음이 듭니다.
아이는 작은 위를 가지고 있어서 수시로 배고픔을 느낄 때마다
그 작은 몸에서 쉬지 않고 울음소리를 낼 수 있죠.
배고픔, 졸림, 아픔 등 신체적인 고통 상황에서 울기도 하고,
무서움, 두려움, 공포, 불안 등
심리적인 고통 상황에서 울기도 하죠.

엄마로 살다보면 아이 울음소리에 점점 익숙해질 것 같지만,
오히려 점점 더 민감해집니다.

한 생명을 지키고자 하는 책임감이 발휘되기 때문이죠.

그래서 아무리 내 몸이 힘들어도
더 이상 짜낼 힘이란 게 없어 보여도
힘이 어디선가 또 생겨납니다.
더구나 아이에게 민감해져야
그만큼 재빠르게 아이의 요구에 반응할 수 있기에,
민감함을 넘은 예민함까지도 주욱 지니고 살죠.

책임감으로 사는 엄마들
●

아이 생존에 책임감이 있는 건
엄마의 바람직한 마음이긴 한데,
문제는 그 기준이 점점 높아진다는 점이에요.
아이가 자랄수록 먹이고 재우는 게 전부가 아니니까요.
엄마들은 신체적 성장뿐 아니라
인지적, 정서적 영역까지 포괄하는
심리적 발달까지도 챙겨야 해요.
그러려면 가정의 분위기를 좋게 유지해야 하고,
그느라 다른 가족 구성원의 비위도 맞춰야 하죠.
모두 아이를 위해서요.
그렇게 엄마들은 슈퍼우먼이 되어갑니다.

책임감으로 일을 하고, 살림을 하고,

부부관계를 유지하고, 양가 부모님을 대합니다.

하지만 '엄마도 사람'인지라 몸과 마음에 한계가 오고,

나 자신에 대한 책임감은 점점 약해집니다.

아이에 대한 책임감의 영역이 확장되는 동안

자신에 대한 책임감의 영역은 점점 줄어드는 거죠.

그러다보면 나 자신을 위해 돈을 쓰는 것도, 시간을 쓰는 것도,

에너지를 쓰는 것도 모두 이기적인 것처럼 생각해요.

아이의 생존으로부터 시작된 책임감이

가족 모두의 생존을 위한 책임감으로 커져

결국 자신을 희생하게 만드는 거죠.

점점 더 피곤한 이유

●

사람은 생존에 초점이 한번 맞춰지면

생존과 관련되지 않은 활동을 할 때에 불안을 느껴요.

그래서 생존 이외의 욕구에 무관심해지고

그 욕구 자체에도 무뎌지죠.

하지만 결국엔 한계가 오고 티가 나요.

누가 봐도 대단할 정도로 열심히 사는데,

훌륭한 엄마라는 소리를 주변에서 해주는데

그럴수록 힘이 나기도 하지만

그럴수록 뭔가가 소진되는 느낌을 받아요.

성실히 살면 살수록 여유가 생겨야 하는데

성실히 살면 살수록 더 바쁜 느낌이 듭니다.

여유가 없어지는 건 이전처럼 많은 걸 하기엔

몸과 마음이 예전 같지 않기 때문이에요.

자주 깜빡깜빡하고 뭘 하든 집중이 잘 안 되고

순간순간 혼란이 오기도 하죠.

아이가 엄마라고 몇 번을 불러야 그 이야기가 들리기도 하고,

이미 들은 이야기가 새롭게 들리기도 하고요.

이유 없이 우울해지고 불안해지고

감정 기복이 심해지고 짜증이 나는 등, 감정이 예전 같지 않아요.

아직 아이니까 그러려니 하던 것들도

참을 수 없는 행동으로 여겨지고,

이미 포기한 남편의 행동들도 다시 참을 수 없게 돼요.

충전이 안 되기 때문

●

이러한 몸과 마음의 혼란을 경험하면서

정신 차리려고 애를 쓰지만,

그걸 또 책임감 부족으로 여겨 자책해

해결은커녕 점점 더 지치곤 하죠.

대체 왜 이럴까요?

심리적 신체적으로 무리를 하면 충전이 필수인데

충전 없이 계속 지냈기 때문이에요.

이미 초반에 소진되었어야 마땅한데,

그동안 책임감이 나를 채찍질해서

다시 힘을 낼 수 있었던 것이죠.

하지만 결국엔 소진됩니다.

아이를 키우며 늘 피곤한 상태인 이유예요.

집중이 안 되고 깜빡하는 것도,

감정 조절이 안 되어 화를 참을 수 없는 것도

신체의 일부인 뇌가 소진된 것입니다. 충전이 필요한 거죠.

그럼 충전은 어떻게 할까요?

사실 쉬고 싶어도 쉴 수 없고, 쉴 시간이 주어져도

뭘 하고 쉴지 잘 모르는 게 많은 엄마들의 공통점입니다.

취미생활을 가져보려 해도 아무것도 할 수 없을 것만 같고,

취미조차도 책임감을 가지고 수행하려 하고,

그러면 취미 자체가 부담으로 다가와요.

책임감과 충전은 공존할 수 없어요.

충전할 때만큼은 이 책임감을 철저히 배제해야 해요.

엄마에겐 누구나 두 가지 마음이 있습니다.

❶ 엄마 같은 나　❷ 아이 같은 나

엄마 같은 나는 그 영역이 점차 확장되는데,

아이 같은 나는 그 영역이 점차 줄어듭니다.

누군가 돌봐줘야 할 아이 같은 나인데

아무도 챙겨주지 않으면 그 영역이 줄어드는 거죠.

그러니 나 스스로라도 책임감과는 거리가 먼

아이 같은 나의 영역이 줄어들지 않게 지켜줘야 해요.

엄마니까 더 충전해야 한다

•

엄마로 살다보니 언제부턴가 책임감으로 늘 무장하고 살아요.

책임감은 모성애와 관련이 많아서,

조금 느슨해지려고 하면 죄책감과 불안이 습격해요.

사람은 뭐든 익숙해지면 벗어나길 원했던 것이어도

잘 벗어나지 못하는 습성이 있어요.

연애할 때에 나쁜 남자에게 고생했으면서

또 나쁜 남자를 선택하는 것도,

학대하는 남편으로부터 벗어나지 못하는 것도

다 그런 습성 때문이에요.

여유로운 나만의 시간을 가지려 해도, 취미를 좀 가져보려 해도,

내 몸과 마음을 좀 가꾸려 해도

잘 되지 않는 이유도 마찬가지예요.

책임감을 배제하는 게 잘못이기 때문이 아니라

그게 익숙하지 않아서 그래요.

그래서 아이를 키우는 엄마들에겐

책임감이 철저히 배제된 충전 시간이 꼭 필요해요.

내 마음속에 있는 '아이 같은 나'를 만족시켜주는 것만이

충전하는 유일한 방법이에요.

어린아이 같은 나는 다른 사람이 챙겨주지 않아요.

내가 챙겨주는 수밖에 없어요.

다른 사람은 책임감을 가진 '엄마 같은 나'만 부추기거든요.

합리적이지 않아도 건설적이지 않아도

별로 바람직하지 않아 보여도 돼요.

내 몸과 마음을 충전시켜줄 수 있으면

그것만으로도 충분해요.

그게 오히려 나란 사람에게 활력을 주고

그게 오히려 더 좋은 엄마가 되게 해요.

남편도 알아야 할 육아감정　　　　tip ●

아내가 수시로 커피를 찾고, 빵이나 단 음식들을 찾지 않나요? 육아의 삶이 너무 피곤하고, 그 피곤이 무엇으로도 가시지 않기 때문이에요. 사실 휴식이 필요한데 그럴 여유가 없으니 카페인과 당분의 힘으로 버티는 거죠. 하지만 커피나 단 음식으로 피곤함을 달래는 게 습관이 되면 오히려 더 큰 무리를 해요.

아내에게는 몸과 마음이 온전히 아무것도 하지 않는 시간이 필요해요. 언뜻 보기엔 허비하는 듯한, 그냥 흘러 보내는 시간이 꼭 필요해요. 육아의 삶은 매일이 방전되는 삶이에요. 아내에게 충전 시간을 정기적으로 마련해주세요. 적절하게 정기적으로 충전돼야 아이에게도 가족에게도 좋은 엄마, 좋은 아내가 됩니다.

아이 키우며
우울해지는 마음

아이를 키우다보면 행복한 만큼 힘들 때도 많아요.

하루하루 힘든 삶이 계속되다보면

삶에 낙이 없는 듯이 느껴지기도 하죠.

마치 결정장애처럼 사소한 선택조차 주저할 정도로

자신감이 없어지고,

사소한 말 한마디에 눈물이 핑 돌다보면

증발해버리고 싶은 마음이 들어요.

엄마로 살면 우울하고 슬픈 마음이 수시로 들 수 있어요.

그 마음은 창피하거나 부끄러운 감정이 아니에요.

잘못된 것도 아니고 엄마 탓도 아니고요.

그저 몸과 마음이 힘들 때에 나오는 정상 반응이죠.

한계치에 다다른 것 같으니

이제 나 스스로를 좀 돌보라고 내 마음이 주는 신호예요.

그런데 그 신호를 외면하거나 정신 똑바로 차리고

더 열심히 엄마 노릇하라는 걸로 오해하면

결국엔 내 마음이 아예 파업을 해요.

그때엔 스스로를 돌보려고 노력해도 되지 않아요.

그게 바로 우울증이에요.

왠지 기분이 가라앉고 매사에 흥미와 재미가 없고,

과도하게 죄책감을 느끼고 불안해서 안절부절못하는 것은

우울증의 일반적인 증상이에요.

여기에 극심한 외로움, 내가 부족한 엄마라는 생각,

아이의 건강에 대한 과도한 걱정, 아이를 해칠 것 같다는

강박적인 생각 등이 더해지면

육아 우울증의 일반적인 증상이고요.

아이를 피하고 싶다

●

이와 같은 증상들을 경험하면

물론 당사자인 엄마가 가장 힘들어요.

그런데 엄마만 힘든 게 아니에요.

엄마와 아이는 떼려야 뗄 수 없는 관계여서

아이를 키우는 데에도 지장이 커요.

애착에 가장 중요한 민감성과 반응성이

제대로 이루어지기 힘들기 때문이에요.

마음이 귀찮고 몸이 말을 안 들어서

아이의 요구를 들어주지 못하고,

그러다보면 자기도 모르게 은근히 아이를 회피해요.

자꾸 예민해져서 사소한 것으로 아이에게 짜증을 내다보면

아이도 마음으로 엄마를 조금씩 멀리하구요.

엄마가 일부러 그러는 건 아니지만

무의식적으로 아이가 엄마를 멀리하게 만들어요.

엄마도 살아야 하니 살기 위한 장치인 것이죠.

그토록 사랑하는 내 자식을 스스로 피할 만큼 힘든 상태인 거죠.

이처럼 마음이 혼란스럽고 힘든 경험,

왜 한 번 빠지면 헤어나기 힘든 걸까요?

부족한 엄마라는 생각
●

자주 언급했듯 감정은 생각에 영향을 미쳐요.

힘든 감정이 지속되면 생각의 흐름도 부정적인 방향으로 흐르죠.

그러다보면 엄마 자신에 대한 생각도 부정적인 방향성을 가져요.

평소 내가 최고의 엄마는 아니어도

웬만한 엄마 역할은 한다고 생각하던 게,

형편없는 엄마, 세상에서 가장 나쁜 엄마라며

부정적으로 치우친 생각을 하게 되죠.

아이에 대한 생각도 바뀌어요.

마음이 편안할 때엔 섬세하고 감수성이 뛰어나다고

아이의 기질을 파악하고,

마음이 힘들 땐 애가 예민해서 엄마를 힘들게 한다며

부정적으로 인식해요.

엄마 자신도, 아이도 부정적으로 인식하면

가뜩이나 불안한 엄마는 더 불안해져요.

그러면 아이에게 부정적인 감정을 자주 표출하고,

아이는 더 공격적으로 반응하죠.

엄마가 더 힘들어지니 아이도 더 힘들어지고,

아이가 더 힘들어지니

엄마도 더더 힘들어지는 악순환이 반복돼요.

관련 연구 결과들을 보면 우울증을 앓는 엄마가 키우는 아이는

불안정 애착, 정서 문제, 대인관계 문제, 언어 문제,

지능 문제, 학습 문제 등을 보인다고 해요.

엄마의 우울증은 방치되기 쉽다

●

육아 우울증이 다른 일반적인 우울증보다

심각해지기 쉬운 이유가 또 있어요.

엄마 스스로 있는 그대로의 우울함을

인식하기가 쉽지 않기 때문이에요.

좋은 엄마와 우울한 엄마는 맞지 않는 것 같으니까요.

언급한 대로 부족한 엄마라는 생각은

육아 우울증의 흔한 증상이에요.

사람은 누구나 우울해지면

자신이 부족한 사람이라는 생각이 들어요.

많이 우울해지면 최악의 엄마라는 생각까지 들고요.

부족한 엄마라는 생각은 견디기 힘들 만큼

괴롭기 때문에 그저 피하고만 싶어요.

그래서 그 이유가 될 수 있는 우울함도

진짜 우울한가 아닌가 생각해보기조차 싫은 거죠.

우울한 마음을 의지로 극복하지 못했다는

의지박약의 부족한 엄마라는 생각이 들기도 하고요.

그래서 자기 마음을 돌아보지 하지 않기 위해

다른 것에 지나치다 싶을 정도로 몰두하곤 해요.

그게 운동일 수도 있고, 쇼핑, 아이 교육, 사업일 수도 있고,

SNS일 수도 있고, 엄마들 모임일 수도 있고

이 모든 걸 돌려막기 할 수도 있어요.

이렇게 우울함은 인식하기 어렵고

겨우 인식해도 인정하기가 힘들어요.

그래서 몸과 마음이 힘들어져도

평소처럼 무리한 엄마의 삶을 살게 되니

우울증은 계속 방치되고 엄마의 삶은 더 힘들어져요.

이러한 이유로 스스로도 인식을 잘 못하고

남들에게 더욱 표현하지 못해요.

부족한 엄마라고 생각하니까 남에게 보이고 싶지 않거든요.

친정엄마에게도 심지어 남편에게도,

이러한 마음의 경험을 말하기가 힘들어요.

도움을 구하지 않고 평소처럼 지내다보면 점점 심해져

호미로 막을 것을 가래로도 못 막는

뉴스에 나오는 상황이 발생하는 거예요.

그럼 어떻게 해야 할까요?

취약함 인정하기
●

'엄마니까 우울증에 취약할 수 있다!'라고 인식하고

평소에 엄마 마음 관리를 잘해야 해요.

엄마 마음 관리에서 가장 중요한 건

무너져버린 먹고 자는 패턴을 회복하는 일이에요.

이 패턴만큼은 꼭 회복하세요.

엄마가 종종 우울해도 괜찮아요.

엄마가 항상 행복하기만 하면 사실 그게 더 문제가 있어요.

어느 정도의 우울함을 인식하고,

자기 방법대로 해소하면 문제없어요.

취미든 운동이든 자기만의 시간이든

방법은 사람마다 다를 거예요.

진짜 문제는 자기 방법대로 해소가 안 될 정도로

심해질 때까지 오랫동안 방치하는 거예요.

평소에 주변에 적극적으로 도움을 요청해야 해요.

우울감이 더 심해지지 않고 우울증에 빠지지 않기 위해서는

남편의 지지가 가장 중요해요.

물리적인 지지도 중요하지만 심리적 지지가 가장 중요해요.

내가 힘들면 꼭 남편이 어떻게든 알 수 있도록 해야 해요.

남자는 정확하게 말하지 않으면 몰라요.

정확하게 말하려면 스스로 마음을 정확하게 인식해야 하고요.

남편뿐 아니라 친정, 시댁에도 뻔뻔하다 싶을 정도로

도움을 요청하세요.

아무 일 없고 살 만할 때에도 도움을 요청하세요.

대부분의 엄마는 나쁜 엄마 콤플렉스에 빠져 있기 때문에,

스스로 너무 뻔뻔한 거 아닌가 하는 생각이 들 정도가

사실은 딱 적절해요.

2주 이상의 우울 관련 증상들을 경험하고

그것 때문에 일을 하거나 아이를 키우는 데에 지장이 크다면

점검도 해볼 겸 전문가를 찾는 것이 좋아요.

여러 가지 편견 때문에 전문가를 꺼리는 분들이 많아요.

우울증은 창피하거나 부끄러운 게 아니에요.

그저 힘들 뿐이고 의지가 아닌 도움이 있어야만

빠져나올 수 있어요.

괜히 내가 과하게 받아들이는 건지도 모른다는 생각이 든다면

사랑하는 우리 아이를 생각해서라도 적극적으로 대처하세요.

아이를 키우면서 경험하는 우울감은 자연스러운 감정이에요.

하지만 육아 우울증은 적극적으로 대처해야 할 상황이에요. 아내가 종종 '나 우울해, 나 힘들어'라고 말할 때에 대수롭지 않게 반응하면 안 돼요. 모든 걸 뒤로하고 함께 대화를 나누세요. 자연스러운 우울감을 넘어 우울증이 심해진 상태에서는 말하기도 귀찮아져서 대화조차 어려워요. 평소에 아내와 대화를 많이 하세요.

요즘 어떤 생각을 하고 지내고 어떤 감정을 느끼는지 물어보세요. 그리고 어떻게 하면 좀 나아질 것 같은지도 꼭 물어보세요. 아내에겐 남편이 가장 큰 버팀목이에요.

엄마가 되고 나서
초라한 마음

엄마로 살다보면 무시받는 느낌을 많이 받아요.
전업맘 입장에서는 워킹맘이 날 무시하는 것 같고,
며느리 입장에서는 시월드가 날 무시하는 것 같죠.
아내 입장에서는 가장 가까운 남편이 날 무시하는 것 같고
엄마 입장에서는 주변 엄마들이 날 무시하는 것 같아요.

하지만 다른 무시는 다 견디거나 그러려니 하는데,
도저히 견딜 수 없는 무시가 딱 하나 있죠.
바로 우리 아이가 날 무시하는 것!
아이에게 무시를 당하면 이렇게 생각해요.
'내가 널 얼마나 애지중지 키웠는데,
내가 누구 때문에 지금 이렇게 사는데

어떻게 네가 나한테 이럴 수 있지?'

상담을 하다보면 엄마가 아이에게 전날 심하게 화를 내서
그 분이 다음 날까지도 가라앉지 않은 채
격양된 상태로 오시는 경우가 있어요.
무시받는 느낌 때문에 화가 나 있는 경우가 많죠.
아이가 자신을 무시하는 일이 쌓이다보면
참을 수 없는 지경에 이르기 때문이에요.

엄마 마음이 무너지는 시기
●

두 돌 세 돌까지는 떼쓰는 걸 대하기가 힘들긴 해도
아이 스스로 감정 조절이 안 되는 거니
때론 가여워 보일 때도 있어요.
그 시기가 지나면 '우리 아이가 많이 컸구나' 하고
안도감을 느끼는 순간, 갑자기 마이웨이를 외치며
자꾸 묻고 따지고, 말 트집 잡고 말대꾸를 하는
어느새 미운 일곱 살 아이가 내 앞에 있죠.

발달단계상 자기주장을 하고 독립적 인격체로
다져지는 과정이지만,
이 과정을 마주하는 엄마는 마음이 쉽지 않아요.

이때 진짜 많이 무너져요.

그런데 의외로 손주 돌보는 할머니들은
이 시기를 힘들어하지 않아요.
신경 쓸 에너지가 없기 때문이기도 하지만,
아이들은 자신이 원하는 대로 자라지 않는다는 걸
경험으로 이미 알고 있어서예요.

아이가 나를 무시할 것 같은 불안감
●

말꼬리 잡고 말대꾸하는 아이에게 좋게 말하면 말을 듣지 않으니
처음엔 무언의 협박을 하거나 잘 구슬려서 타협을 하죠.
그러다 결국엔 한바탕 윽박을 지르는 식으로
기선을 확 제압해버리고 맙니다.
아이와 팽팽히 맞서는 그 순간을 어떻게든 넘기고 싶고
무엇보다 극도로 긴장된 순간이 너무 괴롭기 때문이에요.

또 기선을 확 제압해야 엄마의 권위도 살 것 같고
그래야 엄마 말을 잘 들을 것 같고
바르게 잘 자랄 것 같아서이기도 해요.
기선을 제압당하면 아무한테나 막 말대꾸하는
버릇없는 아이로 자랄 것 같은 걱정도 들고요.

그런데 실은 그게 다가 아니에요.

엄마의 내면으로 들어가보면

더 중요한 불안감이 자리 잡고 있어요.

바로 '아이가 나를 무시할 것 같은 불안감'이요.

엄마라면 아이의 발달과정상

아이에게 무시받는 느낌을 누구나 받지만

괴로운 정도는 차이가 있어요.

그 차이는 아이가 얼마나 엄마를 무시하느냐,

얼마나 말대꾸하느냐, 얼마나 반항하느냐에 따라

다른 게 아니에요.

지금까지 살면서 반복적으로

누군가에게 무시받은 느낌의 정도 차이에서

괴로움을 느끼는 정도가 달라요.

반복적으로 무시받는 느낌이 들면

스스로 무시받을 만한 사람으로 여겨지고,

스스로 못난 사람으로 여겨지고

부끄러워지고 수치스러워지죠.

과거 무시받은 감정이 떠오르다

●

그게 엄마일 수도 있고, 아빠일 수도 있고,
자매일 수도 있고, 친척일 수도 있고
오랜 친구일 수도 있어요.
그 괴로운 느낌이, 잊힌 감정 기억이
아이를 키우며 되살아나기 쉬워요.
아이를 키우다보면 내가 아무리 노력해도
잘 안 된다는 무력감과 좌절감을 느끼는 일이 많아서
무시받는 느낌이 확 올라오기 쉽거든요.

무시받는 느낌을 받을 때에 단순히 그 느낌만 있는 건 아니에요.
이전에 경험했던 패배감, 소외감, 수치심,
사랑받지 못하고 버림받을 것 같은 두려움도 같이 느껴요.
이런 여러 감정들이 복잡하게 얽혀 있어요.
하지만 이 감정들은 표면적인 감정이 아니라서
쉽게 인식하기 힘들어요.
내가 인식하는 순간 나에게 해를 입힐 만큼
강력한 감정이기 때문에,
내 마음을 지키기 위해서
나 자신도 인식하지 못할 위치에 꼭꼭 숨겨놓거든요.

그냥 무시 좀 받는 정도가 아니라

이런 감정들이 복잡하게 떠오르니,

내 존재 자체가 무너지는 느낌을 받기도 해요.

다른 사람과의 관계에서 이 감정을 경험하면

그 관계를 멀리하거나 피할 수 있죠.

하지만 아이와의 관계는 그럴 수가 없으니

상처를 수없이 경험하고 감정적인 영향을 받아요.

그럴 때에 아이의 반항과 말대꾸를 꺾어버리면

내 존재 자체가 무너질 것 같은

극도의 불안감이 한 번에 해소되고,

심지어 쾌감이 느껴지기 때문에 아이와 신경전을 하는 거죠.

하지만 이 굉장한 유혹은 오래 못 가는데,

바로 죄책감이 몰려오기 때문이에요.

아이는 독립적인 인격체다
●

아이는 태어나는 순간 이미 독립적인 인격체예요.

어릴 땐 100프로 케어해줘야 하니 이게 잘 와 닿지 않지요.

아이는 돌 전후로 말을 하기 시작하죠.

'음~마' '아~빠'

그리고 돌 반 정도 되면 다른 말도 하죠.

'이제 우리 애가 무슨 말을 할까?' 기대하고 기다렸는데,
아이가 하는 말은 '시어~시어!' '아니이이!'

독립적인 인격체로서 최초로 말로 자기주장을 표현해요.
이제 떼쓰기가 점점 심해질 전조 증상이기도 하고요.
육아 관련 책들을 보신 분은
이런 게 정상발달과정이라는 걸 아니까,
버릇없는 아이로 자랄 것 같은 걱정이 들면서도
그런가보다 하고 어느 정도는 넘어갈 수 있어요.
하지만 5세, 6세, 7세, 그 이후로 점점 심해지는,
입에 모터가 달린 듯 쉴 새 없이 이야기하면서
끊임없이 자기주장을 펼치고 반항하는 아이를 대하다보면
견디기가 힘들죠.

아이는 정상발달과정일 뿐이지만 엄마는 한계가 와요.
더구나 전통적으로 우리나라 문화는
말대꾸가 금기시되는 문화다보니,
'말대꾸 = 예의 없음 = 반항 = 나쁜 사람'
이런 단어가 연관되서 떠오르죠.
어떻게든 기선을 제압해버리고 싶은 마음이 굴뚝같아져요.
아이에게 언어폭력, 신체폭력을 하면(물론 이건 명백한 아동학대)
아이는 결국엔 기선제압당해요.

기선제압으로 아이는 고분고분해진 것 같고,

예의바르게 자라는 듯 보여요.

하지만 아이도 독립적인 인격체이기에 그 모습이 다가 아니에요.

언젠간 복수하겠다는 칼을 마음속에 갈곤 해요.

지금은 내가 힘이 없으니까 어쩔 수 없는 걸 아니까

수용한 것뿐이죠.

그 마음속에 품은 칼은

힘이 생기는 사춘기가 되어서 나타나기도 하고,

독립할 수 있는 성인이 된 이후에 나타나기도 해요.

그 정도까진 아니어도 아이의 주장을 은연중에 묵살하다보면

육아라는 20년 이상의 마라톤을

성공적으로 완주하는 데에 가장 중요한

아이와 부모의 안정적인 관계를 이어갈 수가 없어요.

마음의 대화를 할 수 없으니까요.

쉽게 말해 아이 마음 문이 점점 닫히기 때문이에요.

내 마음만은 꼭 지키자

●

아이를 생각하면 이러면 안 될 것 같고,

나를 돌아보면 어쩔 수 없이 또 그럴 것 같고.

그럼 어떻게 해야 할까요?

아이를 키우면 키울수록, 5년 되고 7년 되고

10년 되고 15년 될수록

엄마로서 딜레마에 빠지는 걸 많이 봐요.

나도 모르게 자꾸만 아이에게

기싸움 걸고 싶고 아이 뜻을 꺾고 싶은데,

그게 정서 발달과 관계에 좋지 않다고 하니 내 마음을 억눌러요.

그러다보면 그 기싸움의 원동력인 무시받는 느낌이

더 쌓였다가 엉뚱하게 다른 상황에서 더 폭발하기도 하니

이러지도 저러지도 못하는 거죠.

엄마의 강력한 불안감을 자극하는

우리 아이와의 기싸움 장면에서

이기거나 지거나 참거나 버티거나 하기보다는

그 시간이 지난 후에라도 내 마음을 꼭 곱씹어 보세요.

'아이가 말대꾸하면 난 열받는구나'

'아이가 둘러대면 난 무시받는 느낌이 드는구나'

'아이가 거짓말하면 난 속는 느낌이 드는구나'

'아이가 대들면 엄마 권위가 짓밟히는 느낌이 드는구나'

'아이 때문에 내가 초라한 느낌이 드는구나'

'아이가 이러다 날 버릴 것 같은 느낌이 드는구나'

'아이가 그럴 때마다 기선을 제압하고 싶구나'

억지로 마음을 바꾸려는 것보다는

아이에게로 맞춰진 초점을

엄마 스스로에게 옮겨오는 게 훨씬 효과적이에요.

물론 금방 바뀌긴 힘들어요.

20~30년 넘게 쌓여온 감정이기 때문이에요.

아이를 키우면서 이제 드러날 뿐이에요.

아이를 키우는 건 끊임없는 감정 노동이에요.

감정 노동은 참고 견디는 식으론 더 곪게 되어 있어요.

감정을 잘 관리해야 해요.

감정 노동을 하고 있는 당사자인 엄마 감정을 관찰해야 해요.

아이와 트러블이 생길 때마다

난 역시 좋은 엄마가 아니라며 실망하고 위축될 게 아니라,

어떻게 하면 내 마음을 들여다보고

스스로 위로받을지 고민하세요.

아이와의 기싸움, 누구에게든 찾아오고

앞으로도 주욱 이어질 거예요.

어떤 상황이 와도 그 순간 내가 경험한

나 자신의 마음은 놓치지 마세요.

남편도 알아야 할 육아감정

아이와의 신경전이나 기싸움은 아이가 성장할수록 부모와 분리되는 과정이기도 하지만, 아이와 가장 많은 시간을 보내는 엄마는 이 무시받는 느낌, 자신이 초라해지는 느낌을 자주 경험하면서 복잡한 감정을 느껴요.

아빠도 이 느낌에 사로잡히지만 아이와 함께하는 시간이 상대적으로 적어서 섭섭함이 엄마만큼 크지 않아요. 아내가 아이로 인해 힘들어한다면, 아내가 아이의 말 하나하나에 신경 쓴다면, 아내가 혼자만의 시간을 보낼 수 있도록 배려해주세요. 아이와 독립적인 아내의 존재감을 회복하도록 함께 노력해주세요.

Chapter
2

자존감이
낮아서 생긴
불편한 감정 신호

누군가를 비난하고
싶은 마음

몸매 좋은 엄마가 몸에 딱 붙는 옷을 입고

유모차를 끈다면 어떤 생각이 드나요?

'우와~ 저 엄마 몸매 참 멋지다!'일까요?

보통 엄마들이라면 아마도

'무슨 애 엄마가 저러고 다녀!'가

좀 더 솔직한 마음일 것 같아요. 괜히 화까지 나죠.

그리고 우리 아이 어린이집에 그런 복장으로 아이를 등원시키는

엄마가 있다고 가정해봅시다.

아마 손가락이 근질근질할 거예요.

다른 엄마에게 메시지로 뒷담화를 하고 싶어서요.

피하고만 싶은 콤플렉스

●

엄마로서의 역할이 아닌, 어느새 뒷전으로 밀려 있던

날 것 그대로의 자기 마음을 인식하려고 해본 분은

그게 잘 안 되는 경험이 있을 거예요.

매일 경험하는 복잡한 감정들을 하나하나

그대로 인식해야 하는데,

뭔가 응어리져 있고

꽁꽁 숨겨두었던 치부가 드러나는 느낌 때문이죠.

이러한 사람의 마음속 응어리를

분석심리학에서는 '콤플렉스'라고 해요.

내 콤플렉스 하면 뭐가 떠오르나요?

'외모? 몸매? 학력? 직업? 재력? 가족? 성격? 남편? 아이?'

보통 위와 같은 것들을 콤플렉스로 생각하는 사람들이 많고

그와 관련한 부정적 감정들을 많이 떠올려요.

'콤플렉스=약점'이라고 생각해 열등감을 느끼죠.

그 느낌은 참 괴롭고, 괴로우니 마주하기 싫어 피하고요.

더구나 엄마로서 완벽해야 할 것만 같은 자신이

콤플렉스가 있다는 자체가 콤플렉스로 여겨져서 더 외면해요.

그러다보면 날 것 그대로 본연의 모습은 점점 사라지죠.

흔히 생각하는 것과는 달리 콤플렉스는

부정적 감정만 의미하는 게 아니에요.

우월감, 즐거움, 행복까지 포함한 모든 감정을 의미해요.

콤플렉스란 글자 그대로 정신적인 여러 감정이 뭉친 것이죠.

콤플렉스가 있는 건 지극히 정상이에요.

콤플렉스를 모르는 게 진짜 문제

문제가 되는 건 오히려 콤플렉스가 있는지 모르거나

무시할 때에요. 부러우면 지는 게 아니라

부러운 줄 모르는 게 지는 거죠.

여러 가지 복잡한 감정을 외면하고 인식하지 않다보면

인식할 수 없는 무의식 영역에 콤플렉스가 갇혀버려

진짜 모르는 것처럼 여겨져요.

모르기만 하면 괜찮은데

콤플렉스가 오랫동안 무의식에 갇혀 있으면

그 에너지는 점점 강해져서 의식을 자극해요.

그래서 자극될 때마다 우울해지고, 불안해지고 분노가 일어나죠.

그러다 어떤 상황에서 제대로 그 부분이 건드려질 때에는,

감정을 통제할 수 없어져요.

괜히 과민반응을 하게 되니 말과 행동에서

콤플렉스가 더 드러나요.

숨기고 싶을수록 더 티가 나는 아이러니,

나는 모르는데 남은 아는 비극이죠.

더군다나 아이를 키우는 엄마 입장에서

우울, 불안, 과민, 분노뿐 아니라 통제할 수 없는 감정적 갈등까지

고스란히 아이에게 향하기 쉬워요.

콤플렉스를 발견할 기회

●

그럼 어떻게 해야 할까요? 바로 인식 전환이 중요해요.

'엄마니까 콤플렉스가 있으면 안 된다'가 아니라

'엄마니까 오히려 콤플렉스를 잘 알아야 한다'라고

인식을 전환해야 해요.

그동안 외면하느라 잘 몰랐던 콤플렉스를

발견할 기회가 있어요.

'무슨 애 엄마가 저러고 다녀!'

⇒ 바로 이 순간이 절호의 찬스예요!

누군가를 비난하고 싶은 마음이 들 때가

자신의 콤플렉스를 발견할 수 있는 기회예요.

사람은 복잡한 감정으로 인한 무의식적 갈등을 느낄수록

상처를 받기 때문에 나름대로 해결하려고 노력해요.

해결 방법은 복잡한 감정의 이유를 남에게서 찾는 거죠.

남 탓하는 것처럼 보이지만 무의식적 과정이고

전문용어로 투사projection라고 해요.

극장에서 영화를 볼 때 남녀가 스크린에 있는 것처럼 보이지만

사실은 영사기 안에 있는 남녀 사진을 스크린에 쏜 것이죠.

마찬가지로 비난하고 싶은 그 무언가가

남에게 있는 것처럼 보이지만,

내 안에 있는 그 무언가가 다른 사람에게 보일 때 비난해요.

그 순간만큼은 난 그런 사람이 아닌 것 같아서

마음이 편해지는 무의식적인 의도 때문이에요.

쉽게 말해 남 탓하면 난 안 그런 것 같은 느낌에

잠시나마 마음이 편해지는 거죠.

누군가를 탓하고 싶을 때
●

하지만 그럴수록 자기 본연의 마음을 알기가 점점 어려워져요.

마음은 전보다 더 불편하고 힘들어지고요.

오히려 투사된 자신의 무의식을 인식하고

남에게 쏜 자신의 마음을

다시 자신에게로 가져오는 일이 중요해요.

엄마로 살면 참 희한하게 내 탓도 많이 하고 남 탓도 많이 해요.

하지만 내 탓도 남 탓도 내가 이상한 사람이라서 하는 게 아니라,
그만큼 엄마로 사는 게 힘들어서 나타나는
무의식적인 갈등 해결 방안이에요.
남 탓의 대상은 엄마로 살며 수없이 관계 맺는
다른 엄마가 될 수도 있고, 남편이 될 수도 있고,
의외로 아이가 될 수도 있어요.

아이의 어떤 기질이나 성격이
도저히 못 견딜 정도로 거슬릴 때가 있죠.
내 아이가 겁이 많고 부끄러움이 많고 소심할 때도,
내 아이가 겁이 없고 대범하고, 지나치게 활발하고 시끄러울 때도
유난히 신경 쓰일 때가 있어요.
그럴 때 과민하게 아이를 대하거나 아이 고유의 면을 탓하고,
반대 성향인 아이와 비교까지 하면서
강압적으로 아이의 성향을 바꾸려 해요.

이처럼 내 주변의 누군가를 탓하고 비난하고 싶을 때는
상대방에게서 그 이유를 찾기보다는
상대방의 어떤 부분을 내 마음이 불편해 하는지 잘 살펴보세요.
혹시 나도 인식하지 못한 내 콤플렉스는 아닌가 하고요.
이해를 잘 하셨다면 문제 내볼게요.

문제 다음 중 콤플렉스와 관련될 가능성이 있는 것은?

    1. 예쁜 엄마를 흉보고 싶을 때
    2. 예쁜 엄마가 왠지 좋아서 잘해주고 싶을 때

정답 1번, 2번 둘 다

뻔한 문제인 줄 알았는데 정답이 조금 이상하죠.
지금까지 말씀드린 비난하는 순간뿐 아니라
반대로 지나치게 상대를 높게 평가하고 이상화하면서
내 감정에 큰 영향을 받을 때 역시 콤플렉스와 관련돼요.
콤플렉스는 부정적인 감정뿐만 아니라
즐거움과 행복이라는 감정 또한 포함하는 이유예요.

콤플렉스를 발견할 수 있는 기회가 한 가지 더 있어요.
어떤 사람이나 어떤 상황을 피하고 싶을 때에요.
예를 들어, 어떤 엄마들은 학부모 모임에 잘 안 나가려 하죠.
육아나 교육 관련 정보를 얻고는 싶지만
참석하면 나만 모르는 것 같고 교육열이 낮은 것처럼 여겨져서요.

또는 친분을 쌓고 싶기도 하지만
왠지 다른 엄마들과 있으면 불쾌한 감정이 들고

그 영향을 하루 종일 또는 며칠씩 받아요.

그래서 이런 모임이 다 부질없다고 합리화하지만,

결국엔 지나치게 한쪽으로 쏠린 육아나 교육관을 가지거나

외톨이가 되니 더 힘들어져요.

이미 잘 알고 있는 나의 콤플렉스만 생각하고

그것들을 정리해보는 것은 의외로 도움이 안 돼요.

내가 이미 알고 있다는 건, 내가 감당할 수 있는

표면적인 콤플렉스일 가능성이 크거든요.

오히려 누군가를 비난하거나 지나치게 칭찬하고 싶을 때,

어떤 사람이나 상황을 피하고 싶을 때를 떠올려보세요.

그리고 혹시 이게 내 콤플렉스일지도 모른다는 생각을 해보세요.

이러한 기회를 잘 살려서

무의식에 가둬둔 나의 감정에 조금이라도 다가가면

불필요하게 과민하게 반응할 일이 줄어들어요.

나도 모르게 특정 부분과 관련된 감정에

압도되어있었다는 것을 깨닫기만 해도 마음이 편해져요.

분석심리학의 창시자 융의 주옥같은 말로 글을 마무리할게요.

"사람들은 자기가 어떤 콤플렉스를 가지고 있는 지 안다.

그러나 콤플렉스가 그를 가지고 있음을 모른다."

아내가 유난히 아이의 단점에 대해 불평하거나 다른 엄마나 친구를 비난한다면, 아내의 무의식에서 콤플렉스와 관련된 복잡한 심리적 갈등이 일어나 스스로 해결하기 위한 행동일 수 있어요.

이러한 이면의 마음을 이해하려는 노력은 좋지만 아내에게 섣불리 언급을 할 필요는 없어요. 나는 아내의 남편이지, 객관적으로 아내를 바라봐야 하는 상담가가 아니니까요. 아내가 불평과 비난을 늘어놓을 땐, 언제나 아내 편이 되어 이야기를 들어주세요. 그리고 요새 또 다른 힘든 일은 없는지 아내의 마음에 초점을 맞춘 대화를 이어나가는 기회로 삼으세요.

누군가의 평가에
휘청이는 마음

엄마로 살다보면 인간관계에서 이리 치이고 저리 치이죠.

결혼하며 새로 생긴 시댁이 우선 스트레스가 되고,

내 편인 줄 알았던 남편이 남의 편이 되는 것뿐 아니라,

너무 밀착된 친정엄마와의 관계마저 스트레스가 되곤 합니다.

아이와 관계된 다른 엄마나

어린이집, 유치원 선생님도 마찬가지고요.

스트레스가 되는 이런 관계의 공통점은

모두 내 아이에 대한 냉혹한 심사위원들이라는 거죠.

그들이 아이의 신체, 정서, 인지를 평가하고

그 평가가 곧 나에 대한 평가로 이어지는 것 같아요.

매 순간이 오디션이나 마찬가지죠.

이런 관계에 치이다보면
그 관계에서 일어나는 감정에도 민감해져
아이에 대해 별 뜻 없이 한 말도
아이의 엄마인 나에 대해 한 말 같죠.
만나는 사람마다 다들 나를 평가하는 것 같고요.
그런데 스트레스가 되는 평가받는 관계에서 빠진 관계가 있죠.
바로 우리 아이와의 관계예요!

아이가 크면서 거짓말을 하는 정상발달과정도
엄마를 무시해서라고 여길 만큼,
아이가 나를 바라보는 눈빛, 행동, 사소한 말들은
엄마 감정에 영향을 줘요.
엄마 말을 듣나 안 듣나 기싸움도 하고요.

"우리 집에는 왜 예쁜 엄마가 없어?"
"엄마는 왜 다른 엄마처럼 상냥하지 않아?"

아이는 자라면서 엄마를 끊임없이 평가하죠.
사람과 사람의 관계에서 평가는
언제나 있을 수 있다는 걸 머리로는 잘 알아요.
하지만 엄마가 되면 그 평가에 휘청하기 쉬워요.
하루 종일 또는 며칠씩 감정적인 영향을 받고요.

자존감이 낮아져서

●

엄마로 살면 왜 남들의 평가에 감정적인 영향을 받는 걸까요?
다른 사람의 말에 휘청하는 정도는 자존감과 관련이 돼요.
스스로 존중하고 소중히 여기는 마음,
스스로 가치 있고 가능성이 있다고 보는 마음이 자존감이에요.

건강한 자존감은 주관적이고 지극히 개인적인 판단이에요.
다른 사람 의견은 크게 상관없죠.
그럼에도 불구하고 나 자신의 평가가 아닌
다른 사람의 반응으로 나를 평가하기 쉽고,
그 반응에 따라 휘청거리기도 해요.
건강한 자존감은 다른 사람 눈치 보지 않고
자신을 떳떳하게 드러내고 자신을 사랑하는 거예요.
하지만 엄마로 살다보면 아이로 인해 조심스러운 관계가 많아져
눈치를 많이 보고, 있는 그대로의 모습보다는
조심스럽게 선별된 자신을 드러내게 돼요.

몸과 마음이 지치기 마련인 엄마의 삶 또한
자존감을 낮아지게 하죠.
엄마 역할은 누구에게나 어렵고 힘들지만,
그런 엄마 역할과 상관없는 기본적인 자기 자신에 대한 관점이

부정적으로 편향돼서 참 형편없는 사람처럼 여겨져요.

남에게 투사해서
●

누구나 좋은 엄마가 되고 싶고,

그러기 위해 좋은 사람이고 싶은데

점점 나 자신을 형편없이 여기는 것은 괴로운 일이에요.

그래서 조금 덜 괴로운 방식으로 자기 마음을 지키는데,

내 마음을 남에게 투사하는 거예요.

사실 내가 나 스스로를 낮게 평가하는 건데

남들이 나를 그렇게 본다고 여겨요.

그런 마음이 내면에 깔려 있으면

다른 사람이 별 생각 없이 한 말을 조금씩 꼬아서 듣고,

그냥 물어본 것도 따진다고 여겨요.

그러면 내 감정에도 영향을 받아

은연중에 내 말과 행동에 그 감정이 전달되기 쉽죠.

결국 나에 대한 부정적인 평가가 되풀이되는 악순환이 되고요.

나 자신에게 초점 맞추기
●

늘 평가받는다는 생각 때문에

나보다 나를 잘 모르는 남에게 나를 가치 있어 보이게 하려고

끊임없이 나를 포장하고 유지하기 위해 에너지를 써요.
나도 모르는 사이에 내 삶의 초점이
내가 아닌 다른 사람이 되어버리고
그게 자연스러워지곤 해요.
남의 평가에 영향을 많이 받는다는 건,
그만큼 나보단 남에게 내 관심과 초점이 맞춰져 있다는 뜻이에요.
낮아진 자존감 때문에 개인 상담을 해본 분들은 알겠지만
상담은 사실 대단한 게 아니에요.

보통 인간관계에서는 상대방을 어느 정도 고려할 수밖에 없지만,
상담을 하는 시간만큼은 상대방 고려 없이 눈치 보지 않고
자기 마음에서 일어나는 이야기를 하죠.
상담가가 자신을 판단하지 않고
있는 그대로 수용한다는 경험을 반복할수록,
스스로 판단하지 않고 있는 그대로 수용하게 돼요.
자신에 대한 관점에 약간의 변화만 일어나도
자존감이 조금씩 회복되는 선순환이 일어나고요.

엄마로 살다보면 내가 아닌 아이에게, 남편에게, 부모님에게
그 이외의 복잡한 인간관계에 내 관심과 초점이 맞춰지기 쉬워요.
그래서 다른 사람의 생각과 감정이 아닌
나의 생각과 감정으로 끌어와야 해요.

그래야 자존감이 조금씩 회복되고
상대의 평가에 일희일비하지 않을 수 있어요.

혼자서 또는 친구랑
•

나에게 초점을 맞추는 습관을 들이려면
혼자만의 시간이 필수예요.
자존감과 관련된 많은 심리서적에서
혼자만의 시간 가지기를 추천하는 이유고요.
아무리 바빠도 하루에 10분이라도,
정 안 되면 일주일에 몰아서 한 시간이라도
아이와 구분된 혼자만의 시간을 보내야 해요.
혼자 뭘 해도 괜찮아요. 그냥 '혼자'인 게 중요해요.

엄마가 되면 혼자 있길 바라지만,
아이러니하게도 혼자만의 시간을 가지면 꽤 어색해요.
그래서 몸은 혼자일지라도 마음은 항상 아이를 향해 있죠.
어쩌다 나 자신에 대해 생각하다보면
괜히 마음이 더 복잡해지는 것 같아서
그 시간을 피하고 싶어 해요.

혼자만의 시간을 갖기 힘들다면 조금은 돌아가도 좋아요.

나를 있는 그대로 인정해주고 그냥 믿어주는 친구,

마음을 터놓고 얘기할 수 있는 친구를 만나요.

선불리 나를 판단하지 않는다는

기본적인 믿음이 있는 친구를 만나

나의 생각과 감정을 털어놓는 시간은

곤두박질치는 엄마의 자존감을 지켜줘요.

쳇바퀴 돌 듯 반복되는 엄마의 일상에 안주하지 않고

감정을 나누는 시간을 필수적으로 사수해보세요.

남편도 알아야 할 육아감정   tip ●

아내와 마찬가지로 남편도 혼자만의 시간이 필요해요. 아내에게 혼자
만의 시간을 만들어주고 아빠도 혼자만의 시간을 사수하세요. 가족 때
문에 아이 때문에 포기해야 했던 취미생활이랄지, 못 만났던 친구랄
지, 늦잠이랄지 아빠 혼자만의 시간을 만들어 각자의 시간에 힘든 마
음을 충전할 수 있도록 하세요.
결코 아이를 방치하는 것도 아니고 이기적인 부모가 아니라는 점을,
그래야 심리적으로 건강한 부모가 된다는 점을 아빠 스스로에게 그리
고 아내에게 꾸준히 확신시켜주세요.

나이 드는 게
두려운 마음

요즘 SNS엔 몇 년 전 오늘 사진이라며
사진이 뜨는 기능이 있죠.
우리 아이 아가였을 때 사진을 보면
그때의 감정 기억이 새록새록합니다.

'아~ 우리 아가 그때 정말 예뻤는데…
정말 귀엽고 사랑스러웠는데.'

그러다가 지금 내 옆에 있는 아이를 보면
웬 소년소녀가 우리 집에 있는 낯선 느낌을 받기도 해요.
살짝 징그럽게 느껴지기도 하고요.
예전처럼 사랑하는데 마음이 뭔가 복잡하고 이상하죠.

아이가 하루하루 커가는 게 아쉬우면서도

빨리 커서 사람다워지길 바라고,

천천히 커서 귀여움을 간직하길 바라기도 하는

두 가지 상반된 마음이 존재해요.

난 별로 달라지지 않은 것 같은데

아이는 왜 이렇게 쑥 커버린 건지.

그러다가 우연히 거울을 보면 깜짝 놀랍니다.

내가 달라지지 않은 게 아니니까요.

아까 SNS에서 본 몇 년 전의 내가 절대로 아니니까요.

눈 밑엔 다크서클과 거뭇거뭇한 기미도 보이고,

흰머리가 나기엔 좀 이른 것 같은데 흰머리도 유독 많이 보이고

몸은 얼마 전보다 더 불어난 것 같아요.

아이가 자라는 것보다 아쉽고 억울한 건,

사실 내가 나이 들어가는 거예요.

나는 나이 들어가고

●

엄마로 살다보면 문득문득 나이든 느낌을 많이 받아요.

설거지하다 손가락 관절이 너무 아파서

소스라치게 놀라기도 하고,

청소기 돌리다가 허리가 뻐근하기도 하죠.

예전엔 밀가루 음식을 잘만 먹었는데,

요샌 먹고 나면 소화도 안 되고요.

대화하다가 단어가 생각 안 나서 그거그거 하는데

상대방은 못 알아들을 때

짜증과 동시에 드는 좌절감은 말할 것도 없고요.

잠자다가 얼굴에 베개 자국이 생겨

조금 있으면 없어진다고 말했는데

오후가 되어도 없어지질 않아요.

피부 탄력이 예전 같지 않은 거죠.

그렇게 세월을 온몸으로 느껴요.

아이는 온몸으로 생명력을 발산하는데,

그 생명을 잉태했던 나는 이렇게 생명력이 다해가는구나 싶죠.

내 생명력이 아이에게로 전해진 거라고 자위해보지만

그래도 쓸쓸하죠.

이런 고민을 선배 엄마에게 말하면

내공이 깊은 선배 엄마는 한마디하죠.

"너무 슬퍼하지 마.

조금 있으면 몸에서 할머니 냄새가 나는

신기한 경험을 할 거야."

남편은 안 늙는 것 같고

●

그러다 문득 남편을 보면 괜히 한 대 때리고 싶을 만큼 얄미워요.

똑같이 엄마가 되고, 똑같이 아빠가 되었는데

내 삶만 송두리째 바뀐 것 같고, 남편은 바뀐 게 없는 것 같아요.

너무너무 억울하죠. 나만 나이 드는 것 같아서요.

아이 낳고 또 아이 키우면서 바뀌는

신체적 변화와 심리적 변화를

남편은 절대 모르는 것 같아서요.

가뜩이나 미운데 더 미워지죠.

그러다 맘 카페에 글을 올리니 남편이 미운 것도

노화의 증거라는 댓글이 올라와서 서글퍼져요.

안 늙는 엄마는 뭐고

●

'엄마의 삶이 다 그런가보다. 다들 이러고 사나보다'

생각하다가도 엄마 같지 않은 엄마들을 보면

또 마음이 힘들어져요.

난 셀카 찍다가 마음 상해서 셀카 안 찍은 지 오래인데,

피부며 몸매며 자신 있게 드러내는 엄마 보면 마음이 복잡해요.

"어머! 너무 예쁘세요!" "엄마 맞으세요?"

이런 댓글을 달면서도 마음은 싱숭생숭하죠.

나도 그런 말 듣고 싶어서요.

자신감이 떨어질수록 다른 엄마들을 더 관찰하고,

동시에 내 모습은 어떻게 비춰질까 노심초사해요.

그래서인지 부모 참관 수업이 부담이 돼요.

'우리 아이가 잘할까'가 아닌 다른 엄마와 내가 비교될까 봐요.

그래서 뭔가 많이 준비하고 가죠.

저 또한 부모 참관 수업을 갈 때마다 깜짝깜짝 놀라는데,

평소 애들 등하원시키며 종종 마주치던 엄마들이 아닌,

전혀 다른 엄마들이 와 있어요.

갑자기 펌을 하고 오고, 풀메이크업을 하고 오고

귀에 목에 팔에 주렁주렁 쥬얼리로 달고 와서요.

내 삶이 만족스럽지 않고

•

자신의 나이를 진지하게 인식하는 계기는

무언가와 비교하면서 시작돼요.

예전 내 모습과 현재 내 모습을 비교하고,

지금 내 모습과 다른 엄마 모습을 비교하는 식으로요.

하기 싫어도 자꾸 비교를 하게 돼요.

그럴 때 왜 나는 예전 내 모습과 현재 내 모습을,

현재 남의 모습과, 현재 내 모습을 비교할까?'라고 접근해야 해요.

잘 따져보면 단순히 현재 내 나이에 자신감이 없는 게 아니라
현재 내 삶에 자신이 없는 경우가 많아요.

더구나 엄마로 살다보면 몸과 마음이 지쳐
생각의 흐름도 한쪽으로 치우치기 쉬워요.
자기 모습을 객관적으로 보기 힘든 거죠.
실제보다 더 부정적으로 바라봐요.
나이에 맞는 노화는 자연스럽다고 머리로 생각하면서도
마음으로는 치명적인 상처를 받죠.
적당히 늙은 게 아니라 폭삭 늙은 것처럼 생각해요.
당연한 얘기지만 세월은 누구에게나 공평하게 지나가고,
노화는 의학적으로 막을 수 없어요.
나에게만 가속도가 붙은 듯한 주관적인 느낌은
심신이 지쳐 생겨난 인지 왜곡이에요.

만족스러운 삶을 살아야 한다
●

엄마의 삶이 만족스럽지 않으면 아이에게 만족감을 찾기 쉬워요.
나는 점점 나이들고 늙어가는 것 같으니,
점점 더 생명력이 커지는 아이에게
꺼져가는 내 생명을 불어넣고 싶죠.
하지만 이런 식의 갈등 해결은 바람직하지 않아요.

아이는 엄마와 독립적인 인격체임에도

독립적으로 자랄 수가 없어요.

또 아이는 언젠가 엄마를 떠나고요.

결론적으로, 어떻게 하면 엄마 역할에서

만족할지 고민할 필요가 없어요.

오히려 엄마 역할과 분리된 나 자신에게서 만족을 찾아야 해요.

아이 이외에도 나에게 만족을 줄 수 있는 게 있어야 해요.

그게 꿈일 수도 있고, 취미일 수도 있고,

직업이나 관계일 수도 있어요.

나이 들어가는 모습에 자꾸 신경이 쓰인다면

그래서 마음속 갈등이 심하다면

그 마음을 애써 억누를 필요가 없어요.

억누르다 쌓이면 그게 아이에게 가니까요.

그 마음을 모른 척 외면할 필요도 없어요.

결국에 직면하면 더 크게 아이에게 가니까요.

내 삶이 뭔가 불만족스럽다는 신호,

내 스스로에게 상을 줘도 된다는 마음에서 오는 신호로 여기세요.

그동안 스스로를 챙기지 못했다는 신호로 인식하면 돼요.

엄마도 '사람'인지라 아이와 가족만을 위한

'엄마답기'만 한 삶으로는 충분히 만족할 수 없어요.

아이 장난감 하나 샀으면(장난감을 물려받더라도)

엄마 악세사리 하나 사고,

아이 옷 하나 샀으면(아이 옷 얻어 입히더라도)

엄마 옷 하나 사고,

아이 미용실 한 번 갔으면(집에서 머리 잘랐더라도)

엄마도 미용실 한 번 가세요.

아이 학원 하나 끊었으면

엄마도 운동이나 취미 학원 하나 끊고요.

아이 친구 관련 모임 한 번 했으면

내 친구들 모임 한 번 하고요.

물론 엄마로 살다보면 이게 생각보다 쉽지가 않아요.

내 것 사러 가서 꼭 아이 것, 남편 것

바리바리 사오는 게 엄마니까요.

애들 옷이나 장난감은 몇 만 원 몇십 만 원어치 사면서

내 옷과 신발은 만 원짜리 장바구니에 넣어놓고

며칠 고민하다 취소하는 게 엄마니까요.

그러다 막상 사려고 마음먹으면 매진되고,

그런 나 자신에게 화가 나면서도 또 그렇게 사는 게 엄마니까요.

아이만큼 나 자신을 위하는 건 절대 사치가 아니에요.

남편이나 주변 어른들이 이해해주지 못해도

나 자신만큼은 나를 이해할 수 있어야 해요.

가만히 있으면 나도 모르게 나 자신을 자꾸 잊어가는 경주,

바로 육아라는 20년 이상의 마라톤을 완주하기 위한 필수예요.

남편도 알아야 할 육아감정 tip ●

남자들보다 여자들이 외모의 변화, 나이 들어가는 것에 대한 불안함을 많이 느껴요. 단순히 외모와 나이 드는 것에 국한되는 게 아니라 전체적인 삶에 대한 만족감이 떨어진 거예요. 그런 아내의 마음도 모른 채 다이어트를 하라든가, 관리를 하라고 권유하기보다 현재 삶에 만족할 수 있는 실질적인 것들에 대해 대화하는 시간을 가져보세요.

과도하게
의심하는 마음

엄마로 살다보면 이런저런 의심이 많아져요.

아이를 학대하는 교사와 관련한 뉴스가 떠돌면

공포, 분노, 불안, 짜증 등등의 감정에 영향을 받는데,

우리 아이한테도 뭔가 나쁜 일이 일어날 듯한 느낌 때문이에요.

구체적으로 표현할 수는 없지만

뭔가 불길하고 섬뜩한 느낌이 들죠.

한 사람의 감정 상태는 생각에 영향을 미쳐요.

부정적인 감정 상태는 어떤 대상이나 상황을

합리적으로 객관적으로 인식하기보다는

부정적인 방향으로 편중되어 보게 만들죠.

예를 들어 심한 우울증 상태에서는

과도한 의심이 동반되는 경우가 많아요.

관련 없는 걸 관련시키다보면 망상까지 동반돼요.

마찬가지로 엄마의 불안하고 섬뜩한 느낌은

단지 감정에 그치지 않고 편중된 생각으로 이어져

우리 아이를 돌보는 돌보미, 어린이집,

유치원 선생님에 대한 의심으로 이어집니다.

그뿐만이 아니죠.

아이를 믿고 존중해주는 게 엄마의 중요한 마음가짐이라는 걸

머리로는 잘 알지만,

아이가 커갈수록 독립심이 생길수록

엄마에게 비밀로 하는 게 늘어날수록,

'우리 애가 혹시나' 하는 의심으로 이어져요.

그건 남편과의 관계에서도, 시어머니와의 관계에서도,

엄마들 관계에서도 마찬가지예요.

그리고 의심이 커지면서 더 불안해지고 더 섬뜩해지면

감정과 생각은 행동에 영향을 미치고,

그 대상을 은연중에 공격적으로 대해요.

그러면 실제로 상대방에게 적대감을 유발하고요.

그런 적대감은 은연중에 다시 돌아오기 마련이고,

처음의 의심은 더 강화돼요.

이런 악순환의 고리가 엄마를 둘러싼 관계에서 이어지고 있죠.

적당한 의심은 필요하다
●

물론 이 험난한 세상을 살려면 적절한 의심이 필수적이긴 해요.
저는 정신과 전문의가 되기 전까진 의심이 지나치게 없었어요.
처음엔 생각하던 정신과 의사의 모습이 아닌 것 같아서
혼란스럽기도 했지만 나중에서야 알았어요.
무조건 믿기만 하면 치료에 효과적이지 않고,
적절히 의심을 해야만 그 사람과 상황을
객관적으로 균형 있게 파악할 수 있어요.
그래야 정확한 진단과 치료를 할 수 있고요.

아이를, 자신을, 주변 상황을 객관적으로 인식하려면
엄마의 삶도 적절한 의심이 필요해요.
외도가 문제가 되는 부부관계도, 아이를 학대하는 교사 문제도
흔한 예상과는 달리 백퍼센트 맹목적인 믿음으로
생기는 경우가 많아요.
누울 자리를 보고 다리를 뻗는 게 사람이니까요.
하지만 엄마로 살다보면 적절한 의심이 아닌 과도한 의심이 들고
그와 관련된 복잡한 감정에 사로잡히기 쉬워 그 부분이 힘들죠.

의심이 시작되는 이유
•

그렇다면 과도한 의심이 드는 이유는 무엇일까요?

제가 늘 강조하는 '엄마도 사람이다'라는 관점에서 보면

이해되는 부분이 많아요.

사람에게 과도한 의심을 일으키는 요인 중

중요한 두 가지는 다음과 같아요.

❶ 자존감의 상처   ❷ 경직된 감정

자존감의 상처는 굳이 설명하지 않아도

엄마라면 누구나 이해가 되죠.

엄마의 삶 자체가 자존감에 상처받는 일이

끊임없이 반복되니까요.

육아를 하다보면 엄마 역할을 잘하고 못하고를 넘어

자신의 존재 자체에 대한 부정적인 인식이 들기 쉽고,

그런 인식은 자존감 저하와 상처로 이어져요.

그런데 여기에서 끝이 아니에요.

누구나 이런 마음 상태가 되면 괴로워서

어떻게든 내 마음을 지키기 위해 방어체계를 구축하는데,

마음을 지키기 위한 효과적인 방법 중 하나가

바로 의심을 하는 거예요.

누군가를 의심하면 그 사람에 대한 비난도 동반되니까요.

남을 비난하면 그동안 자신이 은연중에 느끼는

굴욕감, 수치심, 자존감의 상처가 덮이는 느낌이 들어요.

의심은 내 마음을 지키기 위한 수단인 셈이죠.

두 번째로 경직된 감정,

이 역시 굳이 설명하지 않아도 엄마라면 누구나 이해할 거예요.

엄마들은 엄마다움과 맞지 않는 감정이나,

엄마니까 경험할 수밖에 없는 복잡한 감정들을 억눌러요.

해도 해도 잘 안 되는 경험을 하다보면

아예 원천 봉쇄하는 방법을 쓰고요.

그건 바로 감정에 무뎌지는 거죠.

그래서 끊임없이 아이와 감정적인 상호작용을

해야 하는 데도 불구하고,

엄마로 지내는 기간이 길어질수록

오히려 좀비 같은 표정과 감정으로 지내요.

억누르든 원천 봉쇄하든 자신의 감정을 피하기 위해 노력하는데,

그 방법 중에 꽤 효과적인 건 끊임없이 생각하는 거예요.

그렇게 한 번 생각할 걸 두세 번 생각하고 곱씹다보면

굳이 연관시키지 않아도 될 일을 연관시키는데,

그게 바로 의심의 시작입니다.

의심을 끊기 힘든 이유

•

누구나 종종 의심을 하지만 대부분은 평정심을 찾아요.

객관적인 생각을 하다보면 의심이 줄어들고 오해가 풀리고요.

그런데 엄마로 살다보면 이렇게 시작된 의심은

좀처럼 사라지지 않아요.

의심을 지속하는 요인 중 중요한 두 가지는 다음과 같아요.

❶ 다른 사람들과 원활하게 의사소통 하지 않음.

❷ 생활이 전반적으로 고립되어 있음.

의심이나 망상이 주 증상인 환자를 평가할 때에

위 두 가지를 체크해봐요.

근데 이 두 가지 역시 엄마의 삶을 사는 분들에게 해당되기 쉽죠.

엄마로 살다보면 아이와 관련 없는, 엄마 역할과 관련 없는

세상 다반사에 대한 관심이 줄어들고,

그러다보면 소통할 일도 줄어들죠.

절친 등 마음을 나누던 관계였을지라도

아이가 있고 없고로 대화의 장벽이 생겨요.

자기도 모르는 사이에 점점 생활 범위가 좁아지고 고립이 되죠.

아이로 인해 새로운 관계가 맺어지긴 하지만,

그 관계는 조심스러워서 자연스러운 의사소통이 어려워요.

오히려 아이를 중심으로 한 비슷한 처지이기 때문에

어쩌다 의심의 내용을 공유하기라도 하면,

객관적으로 따져보기보다는

오히려 의심의 내용을 증폭시키기 쉽죠.

흔한 예로, 원에서 같은 반 엄마들과 모임하다보면

원의 시스템이나 선생님에 대한 의심이 대화 소재가 되곤 해요.

서로 소통은 많이 하지만 객관적인 방향보다는

편중된 방향으로 소통을 하죠.

최근 이슈가 된 극단적인 자연주의 육아 카페도 마찬가지죠.

가뜩이나 고립되기 쉬운 게 엄마의 삶인데,

폐쇄적인 카페나 모임에서

비슷한 처지의 엄마들끼리만 소통을 많이 하죠.

당장은 불안감이 줄고 위안을 받지만,

그럴수록 합리적인 선택보다는 검증된 약이나 치료법에 대한

음모론을 갖고 자기도 모르게 과도한 행동을 해요.

엄마로 살다보니 의심이 쉽게 생기는데,

엄마로 살다보니 의심을 끊기도 어려운 거예요.

의지로 해결하긴 어렵다

●

사소한 것들에 의심이 생기고,

그것 때문에 마음이 너무 힘들 때는

의지만으로는 해결하기가 거의 불가능해요.

의심이 시작되는 요인과 의심이 지속되는 요인이 있는지

우선 점검해보고,

그 요인이 삶의 패턴이라면

그 부분을 줄여나가려는 접근을 해야 해요.

우선 현재 내 상태를 점검해보세요.

과도한 의심에 사로잡혀 아이를 키우는 일에 지장이 크다면

그런 마음이 드는 자신을 자책할 게 아니라,

'그만큼 내 자신의 존재감, 자존감에 상처를 받았구나.'

'그만큼 내 자신의 감정을 부자연스러울 정도로 억누르고 있구나.'

'그만큼 다른 사람들과 소통을 잘 못 하고 있구나.'

'그만큼 다른 사람들로부터 고립되어 있구나'라고

생각해야 해요.

엄마가 아닌 내 존재감을 찾기 위해서는

아이가 아닌 나 자신에게 먼저 관심을 가져야 하고,

엄마가 아닌 내 감정에 자연스러워지기 위해서는

아이가 아닌 내 감정에 먼저 집중해야 해요.

엄마가 아닌 다른 사람들과 소통하기 위해서는

아이가 아닌 내 마음이 가는 사람들과 먼저 만나야 하고요.

아이러니하게도 그래야만

아이에게 관심을 가질 수 있는 마음이 생기고,

결국 아이의 마음에 자연스럽게 접근할 수 있고,

아이와 소통을 잘 할 수 있어요.

남편도 알아야 할 육아감정   tip ●

아내가 유독 야근이나 회식 자체에 민감하게 반응할 때가 있을 거예요. 그리고 민감함을 넘어 의심을 하는 느낌 때문에 아내에게 나도 모르게 화를 낸 적도 있을 거고요.

매일 아이만 바라보고 아이만 키우다보니 원만한 사회생활이 힘들어서 사실상 마음이 고립된 아내 분들이 많아요. 의심하는 아내에게 화내 상황을 피할 것이 아니라, 의심하는 아내 자신이 얼마나 자존감에 상처를 받았고, 감정이 억압되어 있고, 고립되어 있었는지를 생각해주세요. 그리고 부부가 여유가 있을 때, 둘만의 데이트를 하거나 혹은 아내가 친구를 만날 수 있게 배려해주세요.

아이와 떨어지고
싶지 않은 마음

아이를 임신한 순간부터 또는 아이가 태어나면서부터
주변 사람들로부터 엄마된 걸 축하받죠.
내 이름이 아닌 '○○엄마'란 이름으로 날 불러주고요.
처음엔 낯설지만 뭔가 특별한 느낌이 들기도 하고,
그 이름이 의외로 빨리 익숙해지는 그런 경험 있을 거예요.
별거 아닌 것 같아도
호칭은 그 사람의 정체성에 영향을 많이 미쳐요.

하지만 수십 년 동안 불린 내 이름 대신
○○엄마라는 새로운 이름엔 함정이 있어요.
새 이름을 부여받고 그 이름에 익숙해질수록
그만큼 나를, 내 이름을 잊게 되죠.

그만큼 내가 없어져가니까요.

호칭의 변화로 시작해서 실제로 아이를 키우다보면
엄마인 나는 늘 뒷전이에요.
어쩌다 혼자 백화점에 들러도
그 꿀 같은 시간조차 정신차려보면
아동 층에 있는 자신을 발견하죠.
집에서든 밖에서든 아이 뭐 먹일까 고민하다
아이에 맞춰 맵지 않은 메뉴를 고르고요.
그렇게 살다보면 맨밥에 고추장 잔뜩 넣어 비벼먹는 게
세상에서 제일 맛있는 음식이 되는 신기한 경험을 하기도 해요.

길을 걸어도 드라마를 봐도 SNS를 해도
아이 옷과 유모차와 육아용품에 눈이 가고
낯선 동네에 가보면 어린이집만 보이고…
일일이 나열하면 끝도 없어요.
그러려고 한 건 아닌데 저절로 그렇게 되죠.

내 생각을 하는 게 불편하다
●

그렇게 몇 년을 살다보면 내 자신이 뒷전인 것에 익숙해져요.
신기하게도 사람은 뭔가에 한번 익숙해지면

그렇지 않은 모습이 낯설고 어색해져요.

아이를 키우다보면 ○○엄마가 아닌

내 이름을 불러주었을 때 왠지 어색하듯,

아이가 아닌 내 생각을 하는 게

어색하고 뭔가 불편하기까지 해요.

왠지 그래서는 안 될 것 같고요.

내가 뒷전으로 살다보면 내가 뒷전인 게 차라리 편하고

오히려 뒷전이고 싶기까지 해요.

근데 사람은 아무리 자신을 없애려 해도

무의식 안에 머물러 있지, 절대로 없어지지 않아요.

그래서 갈등이 생기고 우울해져요.

기회가 생기면 없어진 줄 알았던 내 정체성이

스멀스멀 기어 나옵니다.

아이의 삶은 내 정체성이 기생하기에 딱 좋은 환경이죠.

심리학에는 '반우울적-나르시즘'이라는 심리 용어가 있어요.

이상적인 모습으로 아이를 키우면서

그게 내 모습인 양 동일시하는 거예요.

내 자신이 없어졌다는 우울감으로부터 벗어나기 위해

나도 모르게 갖는 나름의 해결책이죠.

내가 없는 내 삶이 만족스럽지 않으니

아이에게 만족스러움을 찾는 거죠.

쉽게 말하면 '패자 부활전 심리'예요.

밀착감 vs 분리불안

●

동일시란 말 그대로 아이와 하나가 된 느낌을 말해요.

밀착감. 말로 표현할 수 없을 정도로 좋죠.

세상에서 느끼는 어떠한 만족감보다 크고요.

문제는 거기에 익숙해지다보면

밀착감이 잠시라도 느슨해졌을 때 굉장히 불안하고 힘들어요.

그래서 다시 초밀착을 시도하게 돼요.

남편이 아이를 봐주길 바라면서도

아이가 남편을 더 좋아할까 봐 전전긍긍하고,

부모님이 아이를 봐주길 바라면서도

아이가 할머니를 더 좋아하면 하늘이 무너지는 것 같죠.

아이가 나 없이도 잘 지내길 바라면서도

나를 찾지 않는다고 하면 섭섭한 마음이 들고요.

아이는 나 없이 잘 지내지 못한다는 가정 하에

나 아닌 다른 사람과 있게 되면 아이를 불쌍하게 바라보고,

그런 관점으로 아이를 보면 신기하게 그렇게 보여요.

초밀착을 아무리 추구하더라도 아이가 성장하는 과정에서

필연적으로 엄마의 분리불안 단계가 찾아와요.

알고 보면 흔히 걱정하는 아이의 분리불안보다 더 커요.

아이는 태어나서 2~3개월 동안은

엄마랑 자신이 한 몸인 줄 알아요.

엄마가 아닌 세상에 관심도 없고요.

커가면서 세상을 탐색하고 싶어

잠시나마 엄마의 품을 떠나는 과정을 겪어요.

하지만 그동안 엄마와 한 몸처럼 지냈기에

엄마 품을 떠나는 게 불안하죠.

이를 아이의 분리불안이라고 해요.

그래서 다시 엄마 품에 돌아와 안정감을 느끼죠.

세상을 탐색하느라 엄마를 떠났다가

불안해서 엄마한테 돌아왔다 하는 과정을 반복하다보면

보통 두 돌 이후에 '엄마가 당장 눈에 보이지 않아도

엄마는 존재한다'는 확신이 아이 마음속에 자리 잡으면서

분리불안이 해결되고,

비로소 세상을 적극적으로 탐색할 수 있어요.

그런데 엄마에겐 '엄마의 분리불안'을 해결하는

이 정상적인 이 과정이 없어요.

흘러가는 대로 가만히 있으면 점점 더 심리적으로

아이와 밀착되기 쉽고

그만큼 엄마는 분리불안을 느끼기도 쉬워요.

'엄마가 당장 눈에 안 보여도 엄마는 존재한다

(점점 안정되는 아이 마음)

vs

아이가 당장 눈에 안 보이면 너무 불안하다

(점점 불안해지는 엄마 마음)'

아이만 생각하게 된다

●

아이와 심리적으로 분리가 되지 않고,

오히려 밀착된 느낌에서 만족감을 얻다보면

'우리 아이는 나 아니면 안 돼'라는 생각으로 이어져요.

아이가 자랄수록 엄마에게서 벗어나려는 느낌을 받는데,

머리로는 그토록 기다리던 모습인데도

마음으로는 받아들이지 못해요.

초등학교 입학 전후를 시작으로

엄마 마음이 힘든 이유 중 하나는,

아이 비밀이 점점 많아지기 때문이에요.

정상 발달과정임에도 불구하고

아이의 마음이 궁금하고 모르면 불안하기까지 하죠.
아이 마음이 궁금하니 아이와 상담해보고
자신에게 알려달라고 하는 엄마들도 많아요.
헬리콥터처럼 아이 주위를 빙빙 돌며
사사건건 간섭하는 헬리콥터맘이 되는 거죠.

'나는 헬리콥터맘, 극성맘이 절대로 되지 않을 거야'라고
다짐해도 정말 많은 엄마들이 그렇게 돼요.
초등학교 때엔 친구관계로, 중·고등학교 때엔 입시 문제로,
대학교 때는 취업 문제로, 취직을 하면 결혼 문제로,
결혼을 하면 살림과 육아 문제로
끊임없이 자식에게 신경을 쓸 수밖에 없는 것이
엄마 마음인 것 같아요.

이런 마음은 엄마도 힘들게 하지만 아이에게도 지장을 줘요.
엄마 역할에서 중요한 것은
아이를 독립적인 인격체로 존중하는 건데,
내가 점점 없어지니 아이와 나를 독립적으로 바라보지를 못해요.
그러면 아이도 심리적으로 독립하기 힘들고,
자기가 주도하는 자기 삶을 살지 못하고
의존적인 사람으로 성장하기 쉬워요.

아이와 상관없는 시간

●

요즘 세상에서 아이 키우는 일은 정말 힘들어요.

주변 사람도 남편도 나를 이해하지 못하고,

나를 키워준 엄마조차도 나를 이해 못 하기도 해요.

아무도 나를 이해하지 못하니 더 외로워요.

아무도 알아주지 않고 외로울수록

밀착감이라는 묘한 매력에 더 빠져들어요.

외로움을 포함한 나 자신에 대한 생각은

아예 안 하는 게 오히려 마음이 편하다는 경험도 하고요.

나에 대한 생각은 없고 오직 아이 생각으로 가득 차야

더 좋은 엄마 같고 그래야 아이를 더 사랑하는 것처럼 생각해요.

아이 반 엄마 반 균형의 중요성을 머리로는 이해해도

마음으로 받아들이는 것과 행동으로 이어지는 것이

잘 안 되는 이유기도 해요. 그럼 어떻게 해야 할까요?

오랫동안 하지 않던 거라서 나 자신을 생각하는 게 잘 안 된다면,

일부러라도 조금씩 아이와 떨어지세요.

아이가 갓난쟁이일지라도, 아이가 돌쟁이일지라도,

아이가 어린이집에 가지 않더라도,

남편, 친정, 시댁, 친척, 친구, 아이돌보미

누구에게든 정기적으로 맡기세요.

단순히 엄마의 리프레시를 위해서가 아니에요.

아이와 24시간 매일 함께하는 것은

육아우울증의 중요한 위험 요인이에요.

엄마는 물론 아이에게도 좋지 않아요.

우선은 이러한 물리적인 분리가 필요하지만

궁극적으로는 심리적인 분리가 중요해요.

엄마가 직장에 다니거나 아이가 어린이집이나 유치원,

학교에 다니면 몸은 아이와 분리되는 경험을 하죠.

하지만 마음의 분리는 잘 안 돼요.

아이를 키우는 엄마들과 만나고,

아이를 키우는 엄마들 블로그 카페에 들어가고,

아이를 키우는 엄마들과 채팅하는 동안은

우리 아이와 분리된 게 아니거든요.

아이, 육아, 교육을 항상 생각하니까요.

아이의 분리불안 해결은 엄마와 떨어지는 경험 자체보다도,

아이 마음에 '기본적인 신뢰감', 즉 안정감 형성이 중요한데

엄마의 분리불안 해결도 마찬가지예요.

아이로 인해 일희일비하지 않을 정도로

엄마 스스로 독립적인 안정감을 가져야 해요.

그러려면 아이와 상관없는 사람을 만나고,

아이와 상관없는 인터넷 서칭을 하고,

아이와 상관없는 책을 보는 시간을 꼭 사수해보세요.

'나를 위한 접근'이 잘 안 되면,

우선 '아이와 상관없는 접근'부터 하세요.

그래야 점점 잊힌 나를 찾고,

그래야 엄마도 아이도 심리적으로 독립이 되고

그래야 엄마도 아이도 행복해요.

남편도 알아야 할 육아감정   tip ●

아내가 아이에게 집착한다 싶을 때 그런 행동 자체를 탓하기보다는 행동 이면의 아내 마음을 헤아려보세요. 아내는 자신의 삶을 아이의 삶과 연결시켜 분리시키지 못하고 있는 건데, 그 이유는 자신의 삶이 점점 없어지기 때문이에요. 아이에게서 벗어나서 자기 자신을 위하는 시간을 갖도록 도와주세요. 그래야 오히려 좋은 엄마가 되고 아이도 잘 자라요. 그리고 아이의 일거수일투족에 최대한 관심 가지는 모습을 보여주세요. 엄마와 아이의 심리적 분리에서 아빠 역할은 중요해요. 아빠 자신이 심리적으로 아이와 가까워지고, 그것을 엄마가 느껴야 독박 책임에 대한 엄마의 불안감이 줄어 아이와 조금씩 심리적으로 분리될 수 있어요. 사실 아이는 아내의 아이가 아니라 우리 모두의 아이이고, 그래서 육아는 돕는 게 아니라 함께하는 겁니다.

아이 키우는 일에
중독되는 마음

아이 키우는 일이 힘들긴 해도

아이가 정말 예뻐 보이는 순간이 있어요.

"아이가 자고 있을 때"라고 대답하는 분이 많은데,

사실 더 예뻐 보일 때가 있죠.

"아이가 자고 있는 사진을 볼 때"죠.

특히 어릴 땐 아이가 자는 모습을 보고 싶어도

혹시나 깰까 봐 조마조마해서 잘 못 봐요.

사진으로 보면 상호작용에 대한 압박감이 줄어들어서

마음 편하게 아이를 볼 수 있기 때문에

사진으로 볼 때 아이가 더 예쁘고 애틋하죠.

그래서인지 아이가 자고 있을 때

핸드폰으로 아이 사진 보는 게 취미인 분이 많아요.

저도 마찬가지예요.

명절에 아이들을 양가에 맡기고 여행 갔는데,

오랜만에 부부가 오붓하게 여행 가서 가장 행복했던 순간은

각자 핸드폰으로 아이들 사진을 볼 때였어요.

참 아이러니하죠.

아이들에게서 벗어나고 싶고

둘만의 시간을 보내고 싶어서 여행을 갔는데,

각자 아이들 사진을 보고 있는 모습이요.

이상하게도 사진을 잘 안 찍던 사람조차

아이가 태어나면 사진을 많이 찍고,

SNS를 잘 안 하던 사람조차 아이가 태어나면 SNS를 자주 해요.

내가 아이 사진을 볼 때 행복하니 다른 사람들도 그런 줄 알고요.

먼저 엄마 된 친구들이

SNS를 아이 사진으로 도배하는 걸 보면서

처음엔 신기해 하다가 점점 지겨워지면서,

'난 저러지 말아야지' 했는데

엄마가 되니 더 자주 아이 사진을 올려요.

엄마 역할은 쾌락을 준다

●

아이 사진은 분명 어떤 힘이 있어요.
떼쓰고 반항하는 아이 때문에 한참 힘들 때도
웃고 있는 아이 사진을 보면 그야말로 천사 같아서
보고만 있어도 미소가 절로 나죠.
아이 보느라 지친 심신의 피로가 회복되는 느낌까지 받고요.
정기 의식처럼 밤에 아이를 재우고 나서
아이 사진을 보는 이유인지도 모르겠어요.

실제로 미국 베일러 의대 연구팀이
엄마들 대상으로 연구를 했는데
아이가 웃는 사진을 보기만 해도
뇌에서는 도파민계 보상중추가 자극되는 현상이
나타났다고 해요.
보상중추는 쾌락중추라고도 하는데
자극되면 즐거움, 행복감 등이 생겨요.
게임, 도박, 마약 등 중독과 관련되고요.
엄마가 아이 사진을 보는 게 '자연 마약'과도 같은 거죠.

보상중추의 자극은 단순히 쾌락을 주는 것뿐 아니라
아주 강력한 생물학적 에너지를 내게 해서

137

무엇인가를 적극적으로 갈망하고,

또 이를 얻기 위한 행동을 하게 해요.

엄마 역할이 아무리 힘들어도 그만큼 큰 쾌락을 주기 때문에

아이 돌보는 일을 계속할 수 있는 거죠.

무언가에 중독되면 한편으론 쓸쓸하다

●

쾌락중추가 자극되니 늘 즐겁고 행복한 마음으로

아이를 돌볼 수 있을 것만 같은데 엄마의 현실은 그게 아니죠.

아이가 주는 행복은 분명 있지만

때로는 공허하고, 쓸쓸하고, 우울해지기까지 하니까요.

무엇인가에 중독되다보면 그 대상과 관련 없는

본연의 정체성을 외면하거나 잃어가게 돼요.

아이를 돌보는 것에 집착하고 중독되다보면

스스로 존재감이 있어야 하는 사람이라는 점을 잊어요.

일반적인 중독의 정의는

어떤 일에 습관적 또는 강박적으로 몰입하고

그것이 심각한 문제를 야기함에도 불구하고

이를 지속하는 것이죠.

아이를 키우는 일에 지나치게 몰입해 문제될 정도라면,

'정신적 의존'의 형태로 중독이에요.

공허하고 외롭고 쓸쓸한 마음을 아이 키우는 일로 덮다보면

수면 아래에서는 그 감정이 점점 커져요.

결국엔 쌓였던 감정이 한순간에 터져 나와

아이를 키우지 못할 지경이 되기도 해요.

아이를 키우는 일이 인정받는 유일한 방법
●

엄마로 살다보면 무료해지기 쉬워요.

무료한 건 단순히 심심한 걸 말하지 않아요.

무료할 때 뇌에서는 스트레스 호르몬이 분비돼요.

새로운 자극에 대한 결핍감이 커지죠.

새로운 자극 중에서도,

특히 누군가에게 인정받던 그 느낌이 한없이 그리워요.

아이가 옆에 늘 있더라도 뼈가 시리도록 외롭고요.

이를 심리적 결핍이라고 해요.

바로 그때 누군가가 아이를 잘 키우고 있다고 해주면

자신의 존재 이유와 가치를 느껴요.

나를 인정받는 유일한 방법인 거예요.

엄마가 아이 사진을 많이 올리는 건

그런 무의식적인 의도가 숨겨져 있어요.

미국 오하이오 주립대 연구팀이

SNS에 아이의 사진을 많이 올릴수록

엄마 역할에 대한 부담을 느낀다는 연구 결과를 발표했어요.

완벽한 엄마가 되어야 한다는 압박을 느끼는 엄마일수록

모성을 보여주려고 자주 아이 사진을 올렸다고 해요.

SNS는 그 사람의 정체성을 잘 드러내거든요.

엄마 역할 부담감은 모든 엄마들에게 있어요.

아이를 돌보는 숭고한 일을

중독으로 비유하는 게 부적절할 수 있지만,

무엇이든 깊이 빠지면 자신을 객관적으로 볼 수도 없고

삶을 멀리 보지도 못해요.

그래서 아이를 잘 키우고 싶을수록 맹목적인 몰입보다는

페이스 조절을 잘 해야 해요.

일부러라도 종종 육아로부터 나의 몸과 마음을 분리시키고,

아이러니하지만 아이를 24시간 사랑하지 않는 것이

아이를 더 사랑하는 방법이에요.

남편도 알아야 할 육아감정   tip ●

아내가 아이에게 화내면서도 아이 사진 열심히 찍고 나중에 그 사진들 보면서 엄마 미소를 보이는 게 좀 이상해 보이기도 하죠. 아이로 인해 기뻐하는 게 나쁘지 않지만, 사실 기뻐할 일이 아이뿐이라는 건 심리적으로 건강한 상태는 아니에요.

삶의 기쁨과 만족의 이유가 자신이 아니라 남이니까요. 아내가 아이로 인해 지나치게 일희일비한다면, 그런 모습 자체를 탓하진 마세요. 아내에게 관심과 사랑이 필요한 시간이에요. 엄마 역할을 잘하고 있다는 것보다는 아내가 가진 성향, 가치관, 장점 등에 대해 이야기해주세요.

누군가에게
이해받고 싶은 마음

엄마들은 아이가 태어나자마자 정신없이 하루하루 살죠.

먹고 자는 기본적인 삶조차도 내 도움 없이는

조금도 지속할 수 없는 연약한 존재를 돌봐야 하니까요.

아이마다 타고난 기질이 있지만 아이가 성장하면서,

아이가 통잠을 자면서 전보다는 육아가 조금은 수월해져요.

그렇게 정신없이 육아하고 이제 좀 쉴 만해져서 주변을 둘러보면

주변엔 아이 빼곤 아무도 없어요.

그때 엄마들이 많이들 느낍니다.

'외롭다, 바빠 죽겠는데도 참 심심하다, 누군가와 얘기 하고 싶다!'

하지만 마음을 터놓던 친한 친구들에게조차

이런 마음을 이해받지 못해요.

아이가 아직 없는 친구는 말할 것도 없고,

나보다 아이를 먼저 키워본 친구는

나의 고민과 힘든 점들을 대충 듣고는

시간이 다 해결해준다는 얘기만 해요.

게다가 아이가 더 크면 새로운 문제들 때문에

더 힘들어진다는 힘 빠지는 얘기만 하고요.

아이가 크면서 문화센터에 가는 경우도 많죠.

아이 발달에 이런저런 도움이 된다고 해서,

뭐라도 해주고 싶어서이기도 하지만

막상 가보면 의외의 소득을 얻습니다.

일방적으로 소통했던 아이가 아닌,

새로운 쌍방적인 말동무가 생기는 거죠.

육아 정보 공유는 물론이거니와

아이 월령이 비슷하니 통하는 게 참 많아요.

하지만 좋았던 것도 잠시 새로운 갈등이 조금씩 생깁니다.

처음엔 상대방이 내 얘기를 잘 들어주는 것 같았는데

시간이 지날수록 서로 자기 얘기만 하죠.

그때마다 일방적으로 자기 이야기만 하는

우리 아이가 떠오릅니다.

게다가 나보다 여건이 좋지 않은 상대의 얘기를 듣다보면

처음엔 마음이 가고 위로를 하고 싶다가도 점점 지치고,

나보다 여건이 좋은 사람의 얘기를 듣다보면

처음엔 신기하고 부럽다가도

은근 자랑처럼 들리고 소외감도 느끼고요.

누군가에게 이해받고 싶다

●

엄마로 살기 전엔 인간관계가 수월했던 사람들도

엄마가 되면 점점 어렵고 불편해요.

어렵고 불편한 그 이면엔

제대로 이해받고 싶은 마음이 자리 잡고 있어요.

'내가 이만큼 이해해줬으니 나를 이해해주겠지'라는

기대감도 있고요.

엄마들은 각자 이해받길 바라니

내 기대만큼 이해받지 못하면 알게 모르게 참 서운해요.

서로 이해해주고 이해받으면 간단한데

엄마들의 관계는 그게 참 힘들어요.

사실 엄마들은 남에 대한 이해와 배려를

이미 우리 아이에게 충분히 하고 있기 때문에

아이 아닌 타인을 위한 이해와 배려가 더 힘들긴 해요.

나 스스로에 대한 배려와 이해는 더욱 힘들고요.

그래서 기대만큼 이해받지 못하는 상황이 생기다보면
관계가 불편하고 어려워져요.

인정받고 싶고 이해받고 싶은 마음을 해소할 수 있는
편한 수단이 있죠. 바로 SNS예요.
SNS에는 육아 정보도 많고
부담없이 아이 키우는 엄마들과 소통할 수 있어서 좋아요.
그보다 더 좋은 점은 상대방의 이해와 배려와 반응에
신경을 덜 쓰고 내가 하고 싶은 얘기를 충분히 할 수 있다는 거죠.
그런 이유로 불특정 다수를 향해
억울한 일들은 물론 자신에 대한 오픈을 합니다.
어디에 사는지, 얼마나 버는지,
친구도 잘 모르는 내 가족사까지도요.
그리고 그런 점들과 관련된 자신의 복잡한 감정들도 표현하죠.

SNS로 인정 욕구를 채우다
●

아이 키우는 것 자체로도 이미 많은 에너지가 필요한데,
온오프라인에서 자기 자신을 보여주려면
더 많은 에너지가 필요해요.
그럼에도 불구하고 SNS를 하는 이유는
그만큼 뭔가 얻는 게 있기 때문이에요.

누구나 가지고 있는 인정받고 싶은 욕구가 충족되기 때문이에요.

엄마로 살다보면 이 욕구가 더 커지거든요.

아이가 날 사랑하는 것 같지만

아직 어려서 표현을 못하니 인정받는 느낌을 받기가 어렵고

(오히려 아이가 크면 사랑 표현보다도 엄마에 대한 미움을 말과 행동으로 표현해요),

남편에게도 친정엄마에게도 주변 사람에게도

인정받고 사랑받는 느낌을 잘 받지 못해요.

결국엔 내가 부족해서 그렇다고 또 내 탓을 하게 돼요.

이해, 인정, 사랑. 그런 욕구가 커질수록

현실은 기대에 미치지 못해 실망할 일이 많아요.

실망이 반복될수록 사소한 일에도 상처를 받고요.

내 마음만 점점 소심해지는 거 같죠.

그래서 더 이상 상처받지 않기 위해

자신의 소망을 무의식이라고 불리는

자기도 찾지 못하는 마음속 방에 꼭꼭 숨깁니다.

겉으로 보기엔 잔잔해진 것 같지만

신기하게도 숨기면 숨길수록,

소망은 그 안에서 에너지가 점점 더 커져요.

그럼 점점 더 인정받지 못한다고 여기죠.

또 상처받고 소심해지는 악순환이 반복됩니다.

그냥 가만히 있으면 이 악순환에서 벗어나기 힘들어요.

누군가 나를 충분히 이해해주고 충분히 인정해주면 좋겠는데,

남편도 아이도 주변 사람들에겐 기대하기가 쉽지 않죠.

오히려 그걸 기대하는 내가 이상한 사람처럼 느껴지기까지 해요.

이해받고 인정받고 싶은 마음이 커질 때는

내가 내 자신을 이해해줘야 할 타이밍이에요.

내가 나의 가치와 존재를 인정해줘야 해요.

이해받고 싶을수록 관계에서 자유로워지기

•

다른 사람의 시선과 평가는

내가 아무리 노력해도 결국 기대에 못 미칠 수밖에 없어요.

아무리 잘 보이려고 노력해도

나를 미워하는 사람이 있기 마련인 것처럼요.

이런 심리적 갈등이 지속될수록

정작 아이를 잘 키우기 위해 가장 중요한

안정적인 마음으로부터는 멀어져요.

타인에 대한 그리고 나에 대한 기대와 실망의 반복으로,

내가 더 초라하게 느껴지고 관계가 두려워져요.

하지만 그럴수록 오히려 관계로부터 자유로워져야 해요.

여기엔 주변 사람뿐 아니라 친정엄마, 남편

심지어 아이와의 관계까지도 포함돼요.

이해받고 싶은 마음이 커질수록, 관계가 힘들수록,

자기 스스로를 좀 이해하고 인정해달라는

내면의 몸부림으로 여길 수 있어야 해요.

엄마도 사람이고, 신체적 그리고 감정적 한계가 있기 때문에,

이해와 배려의 영역이 아이만을 향해 있을 때엔

자신에 대한 이해와 배려가 끼어들 틈이 없어요.

그래서 이해와 배려의 영역을

아이에게서 조금만이라도 내 쪽으로 가져와야 해요.

그게 내면의 몸부림에 자연스럽게 반응하는 것이고,

그래야 나를 스스로 이해하고 인정할 수 있어요.

그래야 더 자연스럽게 아이를 이해하고 배려할 수 있고요.

나에 대한 애정이 결핍된 상태에서는

내 아이에게 듬뿍 애정을 줄 수 없답니다.

남편도 알아야 할 육아감정   tip ●

엄마가 되고 인간관계에 유독 힘들어하는 아내를 보면 종종 답답하셨을 거예요. 늘 외로워 보이면서도 관계에서 상처받고, 괜히 남편인 나에게 그 화살이 돌아오는 것 같아 억울하기도 하죠.

아내가 상처받고 위축되면서도 인간관계에 집착하고 짜증내는 모습을 보일 때는 그런 행동 자체를 탓하기보다 행동 이면에 있는 마음을 헤아려주세요. 대부분의 아내 마음속엔 설명할 수 없는 섭섭함이 참 많아요. 그러고 싶지 않아도 저절로 자기보다는 늘 아이를 먼저, 때론 남편을 먼저 챙기는 게 아내의 현실이거든요. 그럴수록 자신도 좀 배려받고 싶고 챙김 받고 싶다는 마음이 생기기 마련이에요.

나도 모르게 아내를 아이 엄마로만 보고, 받는 것에 익숙해져 있었다면 그 마음을 말로 표현해주세요. 말하지 않아도 이해해주는 남편의 말 한마디가 아내에게 큰 위로가 됩니다.

아이와 있어도
외롭고 쓸쓸한 마음

육아 초반에는 아이와 24시간 붙어 있는 시간이 많아요.

그런데 아이러니하게도 참 외로워요.

늘 아이가 옆에 있는데 외롭다니,

'나는 모성애가 없나?'라는 생각에 괴롭기도 하고요.

일반 우울증과 다른 육아우울증의 특징 중 하나가

바로 이 '외로움'이에요.

아이를 끌어안고 따뜻한 체온을 느끼고 있으면서도,

사랑하는 아이를 온몸으로 느끼면서도 외로움을 동시에 느껴요.

아이러니한 건 '너무 외로워서' '혼자' 떠나버리고 싶기도 하죠.

외로움을 계속 부여잡고 싶기도 하고요.

아이가 별일 없이 건강하게 자라고,

직장과 가족에게도 별일 없을 때에

오히려 이 쓸쓸함과 무력감이 찾아오기 쉬워요.

주변 어른들이 말하듯 살 만해서

이런 감정을 느끼는 게 아니라,

육아하면서 그동안 살 만하지 않았기 때문에

이제야 외로운 감정을 느끼는 거죠.

그제야 내 자신이 보이니까요.

아이를 키우면 행복한 만큼 감정이 요동칠 때가 많아요.

사람마다 정도의 차이가 있을 뿐이죠.

가을이 오고 찬바람이 불면 감정이 요동치는 분들이 많을 거예요.

엄마가 그런 감정을 느낀다고 위축되지 마세요.

엄마라고 감정적이지 않으란 법은 없어요.

오히려 감정에 무뎌지는 것이야말로

아이와 상호작용하며 인간적인 관계를 맺어야 하는

엄마의 역할에 방해가 될 뿐이죠.

'엄마니까 외롭고 쓸쓸하면 안 된다'가 아니라

'엄마니까 모든 감정을 누려야 한다'라고 인식하세요.

아이가 옆에 있는데 외로운 이유를

모성애가 부족하기 때문이라고 확장시켜 연결 짓지 마세요.

외로움은 신호이다

●

인식 전환이 어느 정도 되었으면

이제 실전에 대한 이야기를 할게요.

내가 감정이 싱숭생숭하면 남편이 그것을 알 수 있도록 하세요.

남자는 말하지 않으면 몰라요.

물론 말해도 모르는 게 함정이지만요.

근데 나중에, 아주 나중에라도 알게 돼요.

조금이라도 미리 알게 해주세요.

내일이 인생의 마지막 날이라면

어떻게 하루를 보내겠냐는 질문에

남편과 아내의 대답이 많이 다르다고 하죠.

대부분의 남편:

그동안 아내에게 소홀했기에 아내와 단둘이 하루를 보내고 싶다.

대부분의 아내:

남편과 떨어져 조용히 하루를 보내고 싶다.

뭔가 하고 싶은 게 생겼을 때,

그게 아이와 관련 없는 일이라 할지라도

그 마음이 없어지기 전에 꼭 하세요.

남편에게 적극적인 도움을 요청하세요.

이 글을 읽으면서 마음속에만 담아두었던

이런저런 생각이 떠오를 거예요.

'내가 엄만데 이건 너무한 거 아닌가?'라는 생각이 들면

바로 그 생각을 억누르기 쉬운데

그 생각이 들 정도가 사실 딱 맞는 정도예요.

알게 모르게 그동안

아이 중심으로 많이 치우쳐 있던 생각이나 상황이었으니

적당한 것을 과하다고 왜곡하며 살아서 그래요.

외롭고 쓸쓸할 때엔 아이를 붙들고 극복할 일이 아니에요.

많은 분들이 외로움을 관계를 통해 극복하려 해요.

엄마는 아이와의 관계를 통해 극복하려 하고요.

아이와의 관계를 통해 외로움을 극복하려는 과정에서

오히려 엄마의 삶이 없어지니 더 외로워지고,

결국 아이도 자신의 삶이 없어져 쓸쓸해져요.

오히려 아이가 아닌 엄마 스스로에게

돈과 시간과 에너지를 써보세요.

처절하게 쓸쓸하고 외롭다면 다른 사람과의 관계가 아닌,

바로 자기 자신과의 관계가 힘든 거니까요.

너무 외로워서 혼자 여행을 떠나버리고 싶은

아이러니한 마음이 생기는 이유는

내 역할로부터 자유로워질 수 있고

비로소 자신과 대화할 수 있기 때문이에요.

그만큼 내 역할이 버거웠던 것이고,

무의식적으로 혼자만의 시간을 원했던 것이죠.

버킷리스트 만들기

●

나 혼자 편한 마음으로 즐기는 커피 한 잔,

나의 몸과 마음을 가꾸는 시간, 나를 꾸미기 위한 쇼핑 시간,

육아서가 아닌 나를 위한 독서만큼은 절대 사치가 아니에요.

엄마의 외로움은 정상이에요.

너무 괴로울 정도로 쓸쓸하다면

엄마 자신을 돌보라는 신호이므로

내 마음이 무엇을 원하는지 잘 살펴보세요.

구체적으로 버킷리스트를 작성해보세요.

버킷리스트는 죽기 전에 해보고 싶은 일을 적은 목록을 말해요.

가족과 아이를 고려하지 않고,

오직 죽어가는 내 존재감을 살리는 데에만

초점을 맞춰서 작성해보세요.

현실을 고려하지 않은 허무맹랑한 것도 좋아요.

실제로 그것을 지키는지보다 더 중요한 게 있어요.

바로 적는 동안 늘 뒷전이던 내 마음과 친해져

외로움이 덜해져요.

나와 친해질수록 심리적 만족도는 그만큼 더 높아집니다.

남편도 알아야 할 육아감정　　tip ●

너무 자주 외로워하는 아내에게 아내가 좋아했던 것들을 다시 떠올려 주세요. 남편이 있는데 자식이 있는데 외로워한다고 구박하지 마세요. 아내는 하고 싶은 게 많은데 아이를 위해 참고 억누르고 있어요. 그러다보니 자기 존재감이 느껴지지 않아 외로움과 처절하게 싸우고 있는 중이에요.

Chapter
3

아이 키우는
일이 불안해서
불편한 감정 신호

아이 키우며
불안한 마음

육아 그리고 교육 관련 박람회는 한해한해 지나며
조금씩 트렌드는 바뀌지만 변하지 않는 한 가지 공통점이 있어요.

"참석하는 엄마들은 누구나 마음이 불안해진다는 것!"

가장 잘 먹히는 마케팅이 불안 마케팅임을 머리로는 알아도,
그럼에도 그 마케팅에 흔들리는 마음이 사람 마음이에요.
'우리 애 나이에는 이런 걸 해줘야 하네.'
'난 이런 게 있는 지도 모르고 있었네.'
'남들은 다 아는데 나만 몰랐나보네.'

엄마들 중에 아이를 키우며

이런 불안을 느껴보지 않은 사람은 한 명도 없을 거예요.

불안의 이유

●

그런데 불안이 무엇일까요?

막상 이야기하려고 하면 잘 생각나지 않죠.

정신과 의사들이 가장 많이 접하는 증상이 바로 불안인데,

불안해서 병원에 오는 분들 대부분은

경험한 불안에 대해 모호하게 표현하곤 해요.

사전적 의미 역시 '불쾌하고 모호한 두려움'이고요.

불안이 모호하긴 하지만 조금이라도 명확하게

이해하기만 해도 마음이 편해져요.

심리학적으로 불안은 다음 2가지가 조합될 때에 일어나요.

❶ 익숙하지 않은 상황일 때

❷ 그 상황에 적응하려고 노력할 때

박람회에서 새로운 정보와 교구를 보더라도

그냥 '나랑 상관없는 남의 일이다'라고 생각하면

불안하지 않아요. 하지만 그런 분은 거의 없죠.

나랑 상관없는 일이 아니니까요.

불안이 익숙한 엄마들

•

엄마 역할은 난생처음 경험하는 익숙하지 않은 일이에요.

게다가 이토록 연약한 생명이

내 손에 달려 있는 경험도 처음이죠.

게다가 '아이는 매일 자란다'라는 말처럼

아이를 키운다는 건 매일 새로운 상황의 연속이죠.

새로운 상황과 돌발상황에 놓이더라도

그것에 적응하려 하지 않고 적절히 무시하거나 외면하면

불안하지 않을 수 있지만,

아이를 키우는 일과 관련된 것은 무시도 외면도 쉽지 않아요.

외면은커녕 새로운 상황에 필사적으로 적응해야만 할 것 같죠.

그래서 불안이라는 애를 쓰고 있는 거예요.

위에서 언급한 불안의 원인 2가지가 육아와 딱 맞죠.

그러니 엄마는 늘 불안할 수밖에요.

새로운 상황에 적응하기 위한 자연스러운 반응이 불안인데,

늘 불안하다보면 그 불안에 익숙해져요.

익숙해지는 게 바람직할 것 같지만

불안에 익숙해지면 반대로 편안한 상태가 낯설고,

은근히 편안한 상태를 거부하기도 해요.

아무리 힘들어도 그저 익숙한 상태를 유지하려는

심리적 습성 때문이에요.

그렇게 되면 주객이 전도돼요.

편하지 않지만 익숙한 불안한 상태를 유지하기 위해서,

매사에 큰일이 날 것처럼 나도 모르게 인식하는 거죠.

시간이 있어도 편히 쉬지를 못하고요.

몸과 마음이 지치기 쉬운 육아 일상에서

늘 에너지가 필요한 느낌을 받는 거죠.

그때 바로 이 불안을 에너지원으로 삼기 쉬워요.

몸과 마음의 각성 상태를 만들어주니까요.

이런 식으로 불안은 아이를 키우는 엄마 곁을 떠나지 않아요.

아이를 키우다보면 불안이 계속 바뀐다

특히나 요즘은 육아나 교육 관련 트렌드가 자주 바뀌어

불안할 수밖에 없어요.

임신 때부터 영유아기 때까진

'아이 건강'에 대해 불안감이 생겨요.

그러면서 한 가지 바람이 생겨요.

'그저 건강하게만 자라다오.'

아이가 영유아기를 지나 학교 가기 전까진

'아이 성격'에 불안이 생겨요.

그래서 새로운 바람이 하나 더 생겨요.

'성격도 좋았으면.'

그러다 아이가 학교 다닐 무렵부터 다른 불안감이 생겨요.

점점 더 살기 힘들어지는 이 세상에서

아이가 뭘 하고 먹고 살지 걱정이 들어서요.

그때 또 아이에게 새로운 바람이 생겨요.

'기왕이면 공부도 잘했으면.'

이처럼 아이를 키우다보면 불안의 내용이 계속 바뀌어요.

하나 해결하면 또 다른 걱정과 고민이 생겨요.

누구나 경험하는 불안이지만

적절한지 지나친지는 사람마다 달라요.

불안에는 두 얼굴이 있어서 너무 적어도 너무 많아도 문제예요.

엄마가 지나치게 불안하면 오히려 아이를 회피해요.

사람은 누구나 심리적인 갈등을 해결하기 위해 노력하는데

그 해결 방법 중에 '회피'가 있어요. 나도 모르게 자주 사용해요.

외면하지 말자
●

회피는 우선 마음은 편하지만

'언 발에 오줌 누기'라는 게 함정이에요.

우선은 피했지만 그만큼 더 쌓이고 더 크게 다가와요.

아이 생각하면서 극도의 불안을 느끼는 일이 반복되다보면

불안을 느끼고 싶지 않아서

아이에 대한 생각 자체를 안 하게 되거든요.

간혹 육아나 교육 트렌드, 육아 서적에 지나치다 싶을 정도로

무관심한 엄마를 보죠.

오직 자신의 방식으로 아이를 키우고요.

육아에 대한 자신감이 충만해서 그럴 수도 있지만,

반대로 많은 정보와 마주하기가 불안해서

은근히 피하고 있을 확률이 높아요.

육아우울증 역시 극도의 불안을 동반한 증상이에요.

아이로 인한 갈등을 피하기 위해 '회피'라는 수단을 이용해

아이를 방치하는 거죠.

더 적극적인 회피는 자신이 세상에서 사라지거나

아이를 세상에서 사라지게 하는 거예요.

일반인이 보면 그 논리가 이해되지 않지만

아무리 설득해도 통하지 않아요.

이처럼 불안이 너무 극에 다다르면

자신이 한쪽으로 치우친 극단적인 생각을 하고,

또 행동을 한다는 걸 인지하지 못해요.

그러므로 평소에 불안을 모른 척하기보다는

현재 나 자신의 불안 정도를 체크해볼 수 있어야 해요.
'나는 요즘 많이 불안하다. 왜냐하면 ○○이기 때문이다.'
이런 식으로 자신의 상황과 감정을 잘 관찰해야 해요.

불안한 엄마가 나쁜 엄마가 아니라,
오히려 자신의 감정을 모르는 엄마보다 더 좋은 엄마예요.
엄마가 불안하면 좋은 엄마가 아닌 것 같아서
자신의 불안을 모른 척하고 외면하는 경우가 많거든요.
하지만 슬픔, 두려움, 불안 등 감정을 부정하면
결국엔 불행해지고,
자연스럽게 받아들이면 극복하기가 수월해져요.

조금 불안해도 된다
●

엄마가 행복해야 아이가 행복하다는 말이 있죠.
이 말은 억지로 행복하라는 말이 아니에요.
억지로 행복하고 싶다고 그럴 수도 없고요.
엄마가 느끼는 복잡한 육아 감정 중
가장 근본적인 감정인 불안, 복잡하고 어렵죠.
하지만 불안을 객관적으로 관찰하고
자연스럽게 받아들이는 것이
조금이라도 마음이 편안해지는 방법이고,

아이러니하게도 과도한 불안이 조금씩 줄어드는 방법이에요.

관객의 시선으로 나를 보기
•

예를 들어 박람회를 둘러보고
육아용품과 교육용품이 다 필요해 보일 때는,
'남들도 다 하는 거고 안 하면
우리 애만 뒤처지는 거야'라는 식의 접근보다는
'지금 당장 저것들이 우리 아이에게 다 필요해 보여.
진짜 필요한 것일 수도 있지만 새로운 상황을 마주한 내가
지금 너무 불안해서, 그렇게 보이는 것일 수도 있어'라는
식의 접근을 해보세요.

반대로 육아용품과 교육용품이 전혀 필요 없다고 생각될 때에,
'저런 것들 다 부질없어. 아이는 내 방식대로 키우는 거야'라는
식의 접근보다는 '난 저런 것들이 부질없어 보여.
진짜 부질없는 것일 수도 있지만 나를 자꾸 불안하게 하는
새로운 상황을 피하는 것일 수도 있어'라는
식의 접근을 해보세요.

내 마음을 객관적으로 관찰하고 받아들이는 일은
쉬운 일은 아니에요.

그럴 땐 다른 사람 보듯 하면 조금은 쉬워요.

다른 사람이 육아박람회에서 모든 걸 사들이려 하든,

박람회 자체를 회피하든

그 이면에 불안이 있다는 걸 파악할 수 있죠.

내 삶의 주인공은 나이지만 나도 몰랐던 내 마음을 잘 알려면

내 마음에 압도되지 않고 내 마음에서 조금은 떨어져

관객의 시선으로 나를 바라보면 도움이 됩니다.

남편도 알아야 할 육아감정   tip ●

아내가 아이와 관련한 정보나 체험에 중독된 것 같아 보일 때가 많을 거예요. 새로운 곳에 데려가려고 하고, 무리해서라도 좋은 장난감과 교구를 사주려고 하고, 학습지나 좋은 학원에 보내고 싶어 하는 마음이 이해되지 않을 때가 많죠.

그럴 때엔 합리성은 조금 뒤로하고 얼마만큼 해주고 싶은지 아내 마음에 초점을 맞춘 대화를 우선 나눠보세요. 무조건 쓸데없다는 식의 말보다는 직접 관심을 갖고 알아보는 행동을 보여주세요. 아이를 키우다 보면 불안감의 연속이에요. 아내의 행동을 받아주든 아니든 그 마음만은 이해해주세요.

아이에게
더 완벽하고 싶은 마음

엄마가 되고 케이크를 보면 내 생일보다

아이 생일이 생각나기 쉬워요.

근데 결코 잊을 수 없는 우리 아이 생일은

단지 아이 생일만이 아니라 엄마 생일이기도 해요.

'아이가 태어난 날'이면서 동시에

내가 '엄마'로 태어난 날이니까요.

갓난아이를 키우면 갓난엄마인 것이고,

아이가 100일 되었으면 이제 100일 된 엄마이고,

아이가 돌이 되었으면 1년 경력의 엄마이죠.

이런 이야기를 하면 누구나 고개를 끄덕이며 공감해요.

하지만 엄마로 살다보면 당연한 것도 잊는 경우가 많아요.

엄마로 태어난 지 얼마 안 되었음에도 불구하고

이제 말 시작한 아이에게 유창한 언변을 기대하듯

엄마 자신에게도 훨씬 나은 모습,

훨씬 완벽한 모습을 기대하는 거죠.

꼼꼼맘 이야기

●

6개월 된 아이를 키우는 꼼꼼맘 이야기를 해드릴게요.

꼼꼼맘은 3년만에 어렵게 아이를 가졌어요.

그토록 기다리던 아이인지라

임신 때부터 육아서를 많이 읽었어요.

'나는 이렇게 아이를 키워야지!'라며 계획도 하고 결심도 했죠.

아이가 태어난 뒤로는 더 열심히 키웠어요.

신생아 최적의 온도 습도를 맞추려 노력했고,

여름 땀띠 한 번 나지 않게 키우려 했어요.

간혹 그러한 세팅이 흐트러질 때마다

예민해지는 꼼꼼맘의 모습을 본 남편은

조금은 적당히 해도 될 것 같다고 조언했지만,

오히려 아무것도 모른다며 남편을 비난했죠.

사실 꼼꼼맘은 마음이 힘들었어요.

자신이 기대하고 꿈꾸던 모성애가 이 정도 마음이 아니었거든요.

비록 아이를 열심히 잘 보고 있고 아이를 사랑하지만
이 정도의 사랑으로 부족하다는 마음이 늘 있었어요.
'나는 모성애가 부족한 건 아닐까' 하는 마음에 갑자기 불안했고,
늘 채워지지 않는 마음이 있었어요.
꼼꼼맘의 늘 채워지지 않는 마음은 무엇일까요?
아마 꼼꼼맘보다 육아 선배인 분들은
꼼꼼맘에게 여러 이야기를 해주고 싶을 거예요.

저도 첫째 전업 육아 시절엔 완벽함을 추구했어요.
이유식을 만들 때에도 유기농 재료만을 고집하고,
옷을 입힐 때에도 친환경 제품을 고집했으니까요.
둘째를 키우면서 '싸고 양 많은 게 좋은 거다!'
'싸고 예쁜 게 좋은 거다!'라는 생각으로 바뀌었지만요.
많은 분들이 둘째를 키우면서 내공이 생겨
완벽함을 많이 포기했다고들 해요.
하지만 아이들이 유치원이나 초등학교에 들어가면
교육이라는 새로운 풍랑을 보고 불안해져서
자기도 모르게 조금씩 조금씩
다시 완벽주의를 추구하는 경우를 많이 봐요.

기대하고 실망하는 삶의 반복

●

이처럼 아이를 키우는 일은 아무리 노력해도

결코 예측할 수 없고 계획대로 될 수가 없어요.

잠시 초등학교 다니던 때를 생각해보세요.

방학 전에 생활계획표를 거창하게 짜죠.

며칠 하다 지키지 못하는 게 늘어나면

결국 극단적으로 무계획적으로 생활해요.

방학이 끝날 때마다 무리한 계획이었다는 걸 인식하지만

다음 방학 때에도 어김없이 똑같이 계획을 짜요.

오히려 더 무리한 계획을 짜죠.

엄마의 삶도 크게 다르지 않아요.

기대하던 것에 맞춰 계획을 세우지만

결국엔 터무니없게 계획에 못 미치고

그런 스스로에게 실망하고 결국은 자포자기하는 마음을 가져요.

그러다 다시 힘이 나면 그 원인을

자신의 철저하지 못함과 완벽하지 못함으로 해석해요.

더 철저하고 완벽한 계획을 세우지만

결국엔 터무니없게 못 미치고, 스스로에게 더 실망하고

결국은 더 자포자기하는 마음을 갖는 무한루프죠.

엄마가 되면 완벽주의를 추구하는 이유

●

완벽주의 성향을 가진 분들은 평소 하나하나 계획하고
그대로 하나하나 실천하는 것을 추구하고
거기에서 만족감을 얻어요.
특히 그러한 특성 때문에 자기 꿈을 펼쳤던 경우엔
그 삶의 방식을 더욱 고수하죠.
그러다 엄마가 되면 완벽하게 일처리할 수 없는
육아라는 특수한 상황에서도 그 삶의 방식을 고수하고요.
뿐만 아니라 완벽주의와는 거리가 멀었던 사람일지라도
엄마가 되면 완벽주의를 추구해요.
완벽해지고 싶은 욕구는 크게 두 가지 이유 때문이에요.

❶ 부족함을 감추기 위해서
❷ 비난을 피하기 위해서

엄마로 살다보면 몸이 지쳐 마음이 힘들 때가 많아요.
쉽게 우울해지고 불안해지고요.
그런데 감정은 생각에 영향을 미쳐
자기를 바라보는 시각도 부정적으로 바뀌게 해요.
머리로는 좋은 엄마가 되고 싶은데,
마음으로는 늘 부족한 엄마인 것 같죠.

그런 마음 상태엔 누군가 아이에 대해, 엄마 역할에 대해

조언을 하는 것조차도 있는 그대로 받아들이지 못해요.

그렇게 하고 있지 못한 자신을 비난하는 것처럼

여겨지기 때문이에요.

내가 부족하다는 생각과 비난받는 느낌은

수치심을 유발하기 때문에 참 괴로워요.

완벽한 사람은 없다고 머리로는 생각하면서도

마음으로는 나의 부족한 점이 드러날까 봐

비난받을까 봐 전전긍긍하는 거예요.

그럴 때 완벽을 추구하는 행동은

훌륭한 내 마음의 피난처가 되죠.

부족함을 마주할 용기

●

엄마로서 완벽해지고 싶은 마음,

그것 자체를 탓할 필요는 없어요.

사랑하는 우리 아이 잘 키우고 싶어 그런 거니까요.

완벽주의는 현상일 뿐이지 핵심이 아니에요.

아무리 탓해봤자 스스로 위축되고 불안해지기만 할 뿐이에요.

그럼 어떻게 해야 할까요?

부족함을 감추고 비난을 피하기 위해서

완벽함을 추구한다고 언급했는데 거기에 힌트가 있어요.

완벽을 추구하기보다는 떳떳함을 추구해야 해요.

완벽하게 잘해서 떳떳한 게 아니라,

있는 내 모습 그대로 스스로 부족하다고 생각하는 부분에도

떳떳해야 해요.

스스로가 생각하기에 뻔뻔하다 싶을 정도로 추구해도 돼요.

엄마도 사람이기 때문에 부족한 건 당연해요.

부족한 걸 그대로 받아들여야 해요.

부족한 것은 비난받을 일이 아니에요.

물론 부족함을 마주하는 건 참 힘들어요.

분석심리의 창시자 칼 융조차도

"가장 몸서리치게 두려운 것은

자기 자신을 완전하게 다 받아들이는 것이다"라고 말했어요.

부족함을 마주하기조차 두렵기 때문에

부족하다는 걸 받아들이지 못하는 경우가 많아요.

그래도 조금씩 조금씩 살펴보세요.

두렵지만 조금씩 그 방향을 추구해야 마음이 편해지고

불안함이 줄어들어 지나친 완벽주의를

조금씩 내려놓을 수 있어요.

완벽하지 않은 나 자신을 있는 그대로 수용할 수 있어야

완벽하지 않은 우리 아이도 있는 그대로 수용할 수 있답니다.

남편도 알아야 할 육아감정   tip ●

적당히 해도 될 것 같은데 자신이 계획해놓은 대로 흘러가지 않으면 예민해지는 아내의 모습을 발견한 적이 있을 거예요. 아이 키우며 이해할 수 없는 상황도 많이 있었을 거구요. 오히려 아무것도 모른다며 자신을 비난하는 아내 때문에 다투기도 하고요.

그럴 땐 좋은 엄마가 되고 싶은데, 부족한 엄마일까 봐 손가락질 받는 엄마일까 봐 전전긍긍하고 있다는 신호예요. 쉬운 일은 아니지만 아내의 속마음을 알아주세요. 평소에 아내의 본래 모습 그대로를 받아주세요. 평소 당신 충분히 잘하고 있다고 응원해주세요.

아이 아플 때
복잡한 마음

처음 어린이집, 유치원, 놀이학교 등

기관에 아이를 보낼 때 어떤 기분이 들었나요?

우리 아이가 과연 적응을 잘할까?

우려하는 마음이 먼저 들었을 거예요.

동시에 아이가 어린이집에 가면

이제 뭔가 해보고 싶었던 것들을 할 수 있다는 생각에

마음이 설레기도 하고요.

세상에서 제일 맛있다는 어린이집 보낸 뒤

혼자 마시는 커피 맛도 보고 싶고,

여유롭게 혼자만의 시간도 가져보고 싶고,

친구도 만나고 싶고, 취미도 좀 가져보고 싶고,

운동도 해보고 싶고 숨통이 트이는 느낌이 들죠.
휴직 중이던 분은 복직을 생각하기도 하고요.

그런데 미처 생각하지 못한 함정을 발견해요.
아이가 어린이집에 있는 시간은
이상하게도 빛의 속도로 지나가요.
게다가 할일이 산더미처럼 쌓여 있어서 여유를 부릴 수가 없고요.
'밀린 집안일 해야지, 애들 작아진 옷 정리해야지.
간식 만들어야지. 가계부 써야지.' 생각만 하다
결국엔 하나도 못하고 아이를 데리러 가는 상황을 마주해요.

어린이집에 다니고 아이가 아프다
•

'엄마의 삶이 이런가보다. 어쩔 수 없나보다' 하면서
자포자기하자마자 그다음 위기가 찾아옵니다.
어린이집 다니기 시작하면서 아이가 툭 하면 아픈 거죠.
아직 면역력이 약한 아이를 괜히 일찍 보내서 그런가 싶어
미안하기도 하고, 누군가 아픈 아이를 어린이집에 보내서
그 아이에게 옮았다는 생각에 그 엄마가 원망스럽기도 해요.

그런데 내 마음을 가장 복잡하게 하는 건
아이가 아플 때 아주 심하지만 않으면

어린이집에 보내고 싶다는 마음이 든다는 거예요.

엄마들이 아이를 어린이집 보내면서
특히 예민한 질병이 하나 있어요.
바로 수족구예요. 매년 수족구가 유행일 때,
아이가 수족구에 걸리지 않도록 엄마들은 많은 노력을 해요.
며칠 동안은 고열인 데다가 쉽게 내려가지도 않고
밥을 못 먹을 정도로 입안이 아프고,
이래저래 엄마도 아이도 힘든 질병이기 때문이죠.
또 그걸 보고 있으면 엄마 마음은 찢어지죠.

근데 몇 번 수족구를 경험하면
진짜 수족구가 무서운 이유가 따로 있죠.
전염력이 강해 기관에 일주일을 보내지 못하기 때문이에요.
워킹맘은 워킹맘대로 아이를 누구에게 맡길 것인가
머리가 복잡해지고,
전업맘은 전업맘대로 아이를 끼고 있어야 하니
모든 집안일과 계획이 일주일동안 올스톱돼요.
아이가 열이 나면 손발 수포 먼저 살펴보고
수포 없으면 우선 안도의 한숨을 쉬는 이유이기도 하죠.
아이가 아침에 눈곱이 끼면 정신이 번쩍 나기도 하고요.

아이가 아프면 걱정이 줄고 짜증이 는다

●

메르스가 유행할 때, 집단 휴원, 휴교를 한 기간이 있었죠.
아이를 키우는 엄마라면 아이가 메르스에 걸릴까 걱정했으니
자연스레 사람 많은 장소를 꺼렸어요.
아이와 집에만 있어야 하니 아이도 엄마도 참 힘든 시간이었죠.
그보다 메르스가 힘들고 무서웠던 건,
메르스가 엄마의 평화로운 마음을 잡고,
엄마는 애들을 잡는 데에 있었죠.

물론 아이가 어리거나 처음 앓는 질환을 겪을 때
엄마의 걱정과 불안은 참 커요.
아파하는 아이를 보고 있으면 안쓰럽고 왠지 미안하고,
차라리 내가 대신 아팠으면 좋겠다는 생각이 간절하고요.
그런데 아이가 점점 자라고 아픈 경험이 쌓일수록
엄마의 체감 걱정은 점점 줄고,
엄마의 체감 짜증은 점점 늘어나요.

복잡한 감정이 엄마를 괴롭힌다

●

사실 엄마는 아이가 아플 때 여러 가지 복잡한 마음을 느끼죠.
안쓰러움, 죄책감, 걱정, 불안 등의 마음은

그래도 모성애, 혹은 좋은 엄마와 관련되는 것 같아서
스스로 용납되는 부분이 있어요.
하지만 아이가 아플 때에 생기는 짜증, 분노, 귀찮은 감정은
아이가 아픈 상황에서 절대로 가져서 안 되는
감정인 것 같아 마음을 힘들게 해요.
조금도 가져서는 안 될 감정인 것 같은데
내 마음엔 이미 들어와 있으니까요.

아이 병간호하느라 밤에 잠 못 자고 피곤해지고 체력이 방전되면
평소보다 더 예민해지고 짜증나는 게
어찌 보면 당연한데도 말이에요.
더구나 신기하게도 정말 중요한 프로젝트가 있는 시기이거나
정말 오랜만에 만나는 약속이거나,
기대하면서 미리 예약해놓은 여행이 있을 때
이런 중요한 날 직전에 아이는 꼭 아파요.
또 보통 하루만 아픈 게 아니니
'이 생활을 며칠 반복해야 하나' 하는 마음에
엄마는 복잡한 생각이 미리 들고요.
그 생각은 체력적 부담감으로 연결되고
불쾌한 감정으로 이어지기도 하고요.

어떤 감정도 자연스럽다

●

사랑하는 아이가 아프니 더 따뜻하고 부드러운 마음으로,

더 큰 사랑으로 돌봐주고 싶은데

동시에 반대의 마음도 드는 이런 상황 어떻게 이해해야 할까요?

이때 발생하는 짜증, 분노, 귀찮은 감정도

스스로 자연스럽게 받아들이는 노력이 필요해요.

바람직하다고 할 순 없어도 충분히 그런 마음이 들 수 있어요.

오히려 그런 감정을 외면하면

아이가 아플 때마다 이상적인 엄마 마음과

현실적인 엄마 마음 괴리감 때문에 힘들어요.

아이가 아픈 것도 왠지 내 잘못인 것 같고

잘 챙겨주지 못한 것 같아 미안한데,

금기시된 마음을 가진 것 같다는 생각에

더 큰 죄책감으로 이어져요.

엄마로서 부적절하다는 생각에

전반적인 양육 효능감까지 떨어지고요.

자연스러운 내 감정을 외면하면

아이를 더 잘 돌봐야 하는 상황에도

오히려 아이를 더 잘 돌보기 힘들어지죠.

아이가 아플 때도 역시, 엄마가 느끼는 복잡한 감정들은
개개인에게 100% 타당해요.
경우에 따라 걱정 반 짜증 반이 자연스러울 수 있어요.

부적절하다고 생각하는 감정을 자연스럽게 여기면
아이에게 더 짜증을 내지 않을까 우려할 수 있어요.
하지만 '짜증내는 행동'이 아니라,
'짜증나는 감정'이 자연스럽다는 말이에요.
이런 자연스러운 감정을 스스로 인식해야
오히려 아픈 아이에게 짜증을 내는 행동이 줄어들어요.
반대로 자연스러운 감정을 외면하고 거부하고 억누를수록
나도 모르게 무의식적으로 행동으로 표현되고요.

아픈 아이가 울다가 지쳐서 잠들었을 때,
엄마인 나도 지쳐 있다는 걸 간파하지 못하면
잠든 아이를 이불에 내려놓을 때에
나도 모르게 내동댕이치듯 내려놓는 경우도 생길 거고요.
'너도 아파서 힘들지만 나도 힘들어 죽겠거든!' 같은 생각이 들면
나쁜 엄마, 이기적인 엄마라는 생각이
내 안에 동시에 있을 수 있어요.
아이가 아파서 짜증을 더 내고 평소보다 떼를 더 부릴 때에
아파서 그러니 더 잘 받아줘야지 하다가도

엄마 자신도 모르게 아이에게 더 짜증을 내기도 하고요.

마음이 힘든 사람은 엄마
●

물론 아프면 가장 몸이 힘든 사람은 아이예요.

그런데 가장 마음이 힘든 사람은 엄마예요.

며칠은 소위 말하는 '모성애' '정신력'으로 극복하더라도

길어지면 길어질수록 엄마 체력도 바닥나요.

엄마도 체력의 한계를 가진 사람이고,

체력의 한계는 심리적 한계로 이어져요.

그래서 아이가 아플수록 엄마 체력 관리를 해야 해요.

아이가 아플 때, 아이 좋은 것 먹이려고 신경 쓰는 만큼

엄마도 특별히 좋은 걸 먹어야 해요.

아픈 아이 때문에 밤에 불침번 서는 것도 혼자 다 하지 말고

남편, 친정, 시댁, 아이돌보미 등 받을 수 있는

모든 도움을 받아야 해요.

비록 남편과 같은 방에서 자도

아이가 자다가 열이 오르면 스치기만 해도

그 열감을 인지하고 깨어나는 게 오직 나뿐인 게 억울하지만,

아이가 자다가 기침을 하면 그 소리 듣기만 해도

잠에서 깨어나는 게 오직 나뿐인 게 억울하지만,

아이가 자다가 토를 하면 그 소리 듣기만 해도

잠에서 깨어나는 게 오직 나뿐인 게 억울하지만요.

그래서 남편이 못미더운 게 사실이지만요.

늘 강조하지만

'그래도 나는 엄마인데 너무한 거 아닌가' 하는 생각이 들 정도가

사실 딱 적절한 정도라는 걸 나중에 아는 경우가 많아요.

그게 길게 보면 자신에게 아이에게

좋은 방면으로 영향을 미치거든요.

그러니 아이가 아플 땐 조금은 냉정하다 싶을 정도로

아이만큼 엄마 자신의 몸과 마음을 더 아끼고 챙겨보세요.

그게 결국 아이를 위한 일이에요.

아빠로서 아이가 아플 때 아픈 아이 보는 것 자체가 힘들 거예요.
회사 일도 잘 잡히지 않고 걱정도 많이 들고요. 아내가 얼마나 힘들까
걱정되기도 하고요. 그런 아내와 아이에게 도움을 주지 못하고 일하러
가야 하는 마음이 좋지 않을 거예요.

그런데 막상 다 알면서도 지저분한 집에 들어서면 나도 모르게 화가
날 때가 있어요. 아이 돌보느라 바빴겠구나 생각이 들면서도 말이죠.
아이가 아플 때엔 엄마도 아프다는 걸 생각해주세요. 아이가 지친 만
큼 엄마도 지쳐 있어요. 아이가 아플 때 아내들은 '나만 고생한다. 억울
하다.' 이런 마음 때문에 남편이 밉기도 해요.

아픈 건 아이인데 아내가 오히려 더 예민해질 때 남편 입장에서 힘들
고 짜증이 날 수도 있지만, 아내도 스스로 용납하기 힘든 복잡한 감정
때문에 고군분투하고 있다는 걸 알아주세요.

내가 한 결정이 잘못될까
두려운 마음

엄마들은 아이가 태어나자마자 결정해야 할 일들이 수두룩해요.
밤중수유는 언제까지 할 거냐, 수유는 언제까지 할 거냐,
이유식은 언제부터 줄 거냐, 어린이집은 언제부터 보낼 거냐,
어느 어린이집으로 보낼 거냐, 어린이집은 언제 옮길 거냐,
어느 유치원으로 갈 거냐, 추가로 뭘 가르칠 거냐
복직할 거냐 말 거냐 등등 수없이 많아요.

남의 떡이 커 보이다보니 남에게 자꾸 물어보거나,
남이 어떻게 하는지를 늘 주시하고,
재보고 따져보기는 하지만 결정을 잘 못해요.
선택의 갈림길에서 어느 한쪽을 고르지 못해 괴로워하는 심리,
요즘 말로 '결정장애'가 생기는 거죠.

고민이 많을수록 선택은 더 어려워지고

선택을 위한 정보를 많이 알수록

오히려 결정은 더 어려워지는 아이러니한 상황이 되고요.

선택하고 결정하는 것 자체가 큰 스트레스여서

'누가 좀 정해주면 좋겠다' 이 생각을 참 많이 합니다.

잘못 결정하면 후회할까 봐

●

엄마가 되고 결정 하나 하기가 왜 이렇게 힘들까요?

한마디로 말하면 나중에 후회할까 봐

결정을 못하는 경우가 많아요.

'나중에 알고 보니 더 좋은 선택이 있으면 어쩌지?'라는

생각이 파고들면 결정하기가 어렵거든요.

그리고 나중이 되면 진짜로 이 선택이 맞았나 틀렸나

따져보는 노력을 해요.

그러면 남의 떡이 더 커 보이기 마련이어서

조금이라도 후회할 게 보이죠.

그런 후회의 마음이 쌓일수록

자신이 선택한 것에 만족감이 확 줄어들어요.

점점 자신의 선택에 대한 자신감이 없어지고

그러면 더 조심스러지구요.

그래서 중요한 일 같으면 최대한 결정을 미루면서

더 좋은 걸 발견할 가능성을 기다리다보면

어느새 시간이 훅 지나가버려요.

결국엔 급하게 결정한 나머지

오히려 후회할 일이 많아지는 악순환이 반복돼요.

신중하게 잘 선택하고 싶었던 것뿐인데,

어쩌다보니 지나친 완벽을 추구하는 거죠.

그럴수록 완벽은커녕 후회할 일만 늘어나요.

또 실수할까 봐

●

특히 아이와 관련된 결정을 해야 할 경우,

잘못 선택할까 봐 두려운 마음이 들죠.

하지만 육아용품 잘못 살 수도 있고,

어린이집, 유치원 잘못 선택할 수도 있고,

아이와 나들이할 곳을 잘못 선택해서 고생할 수도 있어요.

아이가 아니어도 잘못 선택할 수 있는 것들이 많아요.

어떻게 매번 최선으로 선택할 수 있겠어요.

심적인 여유도 물리적인 여유도 없는데 말이죠.

의외로 아이를 키울 때에

소위 '한 방'으로 결정나는 중요한 결정은 별로 없어요.

오히려 아이를 키울 때 가장 중요한 건

아이와 소소한 일상을 차곡차곡 잘 쌓는 거예요.

이런 말씀을 드리면 마음이 편해지기는커녕

결정장애의 폭이 일상으로까지 확대되는 엄마들을 많이 봐요.

그만큼 엄마의 삶은 매순간 결정에 허덕이고

후회할까 봐 전전긍긍해요.

아이와의 일상에서 아이와의 상호작용에서

뭔가 실수한 걸까 봐, 또 그걸 모르고 계속 실수할까 봐

끝없이 염려해요.

떼쓰는 아이를 달래줄 것인지 모른 척할 것인지,

아이가 사달라는 장난감을 사줄 것인지 말 것인지 등등,

결정할 게 많죠.

아이에게 한 이런 소소한 행동들도

신중하게 고민하다가 한 행동인데,

나중에 보니 뭔가 잘못 선택한 것 같으면

그게 또 후회가 되고 참 괴롭죠.

육아서를 볼 때마다 지금까지 내가 한 잘못한 행동들이 떠올라

괴로워 스트레스를 받고요.

'무슨 엄마가 이렇게 실수투성인가' 하는 생각에

자괴감도 들고요.

보통 말하는 실수는 '조심하지 아니하여 잘못함'인데,

사실 엄마들은 지나치게 조심하지,

조심하지 않아서 잘못하진 않아요.

엄마로 살다보면 자기도 모르게 '기승전 엄마잘못'이라는 생각에

내 실수 자체도 내 잘못으로 생각하고요.

그래서 앞으론 실수하지 않으려고 지나치게 조심하게 돼요.

그렇게 되면 아이와의 일상 자체가 큰 스트레스가 되죠.

실수해도 된다

●

소아과의사이자 정신분석가 위니콧은

"훌륭한 엄마와 그렇지 않은 엄마의 차이는

실수를 범하는 데 있는 것이 아니라

그 실수를 어떻게 처리하는 가에 있다"라고 말했어요.

실제 아이에게 잘못을 하더라도 후회하느라 자책하느라

다음에 실수하지 않기 위해 애쓰느라 시간을 허비하기 전에

아이에게 바로 사과하면 돼요.

생각보다 아이는 엄마를 잘 용서해줘요.

오히려 그게 엄마를 더 미안하게 하지만요.

아이에게 화를 내고 미안해서 후회하는데,

아이는 오히려 뜬금없이 "엄마 사랑해"라고 말하며

진심어린 표정으로 바라보고 안기며 행복해해요.

아이가 그러는 건 고단수이기 때문이 아니라,

다 잊어버렸기 때문이 아니라,

엄마가 실수를 안 했기 때문이 아니라,

전반적으로 우리 엄마는

참 좋은 엄마라는 인식이 있기 때문이에요.

정신분석가 마가렛 말러는 아이가 세 돌이 지나면서

"어떨 땐 실망스럽지만

우리 엄마는 전체적으로 좋은 사람이야"라고

인식할 수 있는 능력이 생긴다고 해요.

그러니 소소한 일상에서부터 실수 없이

아이를 키우려 하지 말고 크게크게 멀리멀리 보세요.

아무리 강조해도 마음에 여유가 없으면 그게 잘 안 돼요.

결정장애 극복에 있어서도 가장 중요한 건

먹고 자는 패턴을 회복해서 심신이 건강해지는 거예요.

그래야 마음에 여유가 생기고

크고 중요한 일이라고 생각하는 결정도 후회할까 봐 염려되는,

지나친 결정장애에 빠지는 상황을 어느 정도 막을 수 있어요.

잘한 선택인지 아닌지 자꾸만 뒤를 돌아보고 후회하는 것보다,

더 조심스러워 결정하며 나아가기 힘든 것보다,

실수할 수 있고 잘못 선택할 수 있고,

또 실수하고 또 잘못 선택할지라도

내 아이가 잘못되지도 않고

내 삶이 통째로 나빠지지 않는다는 걸

마음속에 담아두면 좋아요.

사람은 실수를 통해, 잘못 선택한 경험을 통해

한발 나아가고 성장해요.

중요한 것은 그 실수를 받아들이는 자세와

해결하는 자세를 엄마도 아이도 함께 배워요.

후회 없이 잘 선택하고 싶고 실수하고 싶지 않은 마음은

엄마라면 누구나 가지고 있죠.

사랑하는 우리 아이 잘 키워보고 싶은 거니까요.

아이를 키우는 삶은 불확실의 연속이기 때문에

매사에 확신이 없어지고 귀가 얇아지기 쉬워요.

하지만 중요하다고 생각하는 결정의 순간마다

오히려 주객이 전도되지 않도록 신경 써보세요.

소소한 일상에서 아이와 상호작용하는 시간을 누려보세요.

편안한 마음은 의사 결정에 가장 큰 도움이 된답니다.

남편도 알아야 할 육아감정   tip ●

아내에게 오로지 선택권을 주지 말고, 남편도 어느 날은 나들이 계획을 알아보고 아이용품을 같이 사고, 아이 교육에 관심을 가져주세요. 아내는 혼자 선택해야 할 것들이 참 많아요.

잘못 선택해서 남편이나 가족에게 비난을 받을까 두렵기도 하고요. 같이 선택하고 먼저 제안해주는 기회를 만든다면 아내가 결정하는 순간 조금 더 편한 마음을 가질 수 있을 거예요.

부지런해야 할 것
같은 마음

요즘 엄마들은 참 바빠요.

어쩔 수 없이 바쁠 수밖에 없는 현실이라는 게 함정이지만요.

아이를 키우는 것만으로도 벅찬데

이런저런 육아용품 알아봐야 하고,

50일, 100일 촬영, 돌잔치 같은 행사 준비로

장소, 옷 대여, 답례품 등 알아볼 게 많아요.

조금이라도 아껴서 더 좋은 걸 해주고 싶은 마음에

가격대비 만족도 높은 상품을 찾느라 쿠폰에 또 쿠폰을

이중적용하다보면 그만큼 시간과 에너지를 소비하고요.

누가 좀 정해주면 좋겠는데 왜 이렇게 옵션이 많은 건지

육아 현실은 부지런하지 않으려야 않을 수가 없어요.

아이가 어릴 때는 집에만 있으면 안 될 것 같아서

요일마다 문화센터에 등록하고,

어린이집에 다니더라도 하원 후에

엄마들하고 학원 스케줄 짜느라 바빠요.

새 학기 전 카페에 학원 스케줄 짜느라 북적대는 사람들이

예전엔 초등학교 이상 엄마들이었다면

요즘엔 유치원, 어린이집 엄마들도 많죠.

워킹맘은 정보가 많을 것 같은 전업맘 모임에 함께하려고

많이 베풀면서도 왠지 눈치가 보이지만

틈틈이 정보를 알아보느라 바쁘고요.

주말엔 좀 더 아이에게 뭔가 해주고 싶어

이런저런 체험활동 하고 같이 다니느라

엄마도 아이도 집에서 쉬기 힘든 게 요즘 육아 현실이에요.

불안해서 부지런하다
●

살면서 부지런한 성격이라는 말을 한 번도 들은 적이 없어도

엄마가 되면 부지런해져요.

이렇게 늘 부지런하게 사는 것이,

잠도 줄여가며 아이를 키우는 것이 좋은 엄마라며

스스로 위안과 힘을 얻죠.

오늘 하루 내가 얼마나 열심히 살았는지 돌아보며
만족감을 얻기도 하고요.

어린 시절 경험이 중요하단 생각에
최선을 다해 그때그때 아이에게 뭔가 해주지만,
아이가 자라면 또 다른 중요한 시기가 다가오죠.
그래서 계속 부지런할 수밖에 없어요.
아이가 자랄수록 여유가 생길 것 같은데
여유는커녕 더 분주해지고요.

엄마들의 부지런함은
모성애라 불리는 아이를 향한 순수한 열정일 수도 있지만
내 불안을 보상하기 위해서일 수도 있어요.
지금 세대가 먹고 살기 힘든 세상 같아 보이니
우리 아이들 세대는 얼마나 더 먹고 살기 힘들지
걱정되는 마음에서 오는 부지런일 수 있어요.
여유를 가지고 적당히 키워서는 아이의 삶이 불행해질 것 같고,
그런 생각만 하면 조바심이 나고 불안하니까요.

아이를 키울수록
아이의 미래를 보장할 수 없다는 무력감을 점점 더 느끼지만,
일단 최선을 다해 부지런하게라도 살다보면

불안이 조금은 줄어드는 느낌이 들어요.

조금이라도 삶이 느슨해지면 상쇄되었던 불안이

한꺼번에 더 크게 몰려오지만요.

쉬면 안 될 것 같다

●

사실 아이가 좀 크면 엄마가 늘 붙어 있을 일이 줄어드니,

마음먹고 쉬려면 쉴 수 있는 짬이 나기도 해요.

집에 있어도 혼자 놀기도 하고

집이 아닌 곳에 혼자 가 있기도 하니까요.

하지만 이상하게 쉬려 해도 쉬어지지가 않죠.

엄마에게 정기적인 휴식은 금기처럼 여겨지고,

부지런한 게 미덕처럼 여겨지니까요.

시어머니, 남편, 심지어 친정엄마도

은연중에 그런 생각을 하는 게 느껴져

참 속상하고 서럽기도 하지만

잘 따져보면 나조차도 그런 생각을 하는 경우가 많아요.

불안해서 부지런하게 살고 있는데

휴식을 하면 불안한 감정이 자꾸 자극되거든요.

죄책감이 몰려오기도 하고요.

불안하지 않고 죄책감 갖지 않는 상태, 부지런한 상태가

휴식보다 차라리 편하니까 엄마들은 부지런함을 택해요.

문제는 엄마의 부지런함과 쉬지 못함이
아이에게도 고스란히 전해진다는 거예요.
부모가 쉴 때 쉬고 놀 때 놀고
공부할 때 공부해야 한다고 말은 하지만,
부모의 휴식을 경험하지 못한 아이 입장에선
쉴 때도 뭔가 이러면 안 될 것 같다는 불편한 생각이 들어요.
그러면 쉬어도 이완되는 게 아니고 긴장해야 하니,
집중해서 뭔가를 해야 할 때에도
집중이 잘 되지 않고 멍해지는 거죠.

더 중요한 건 아이가 그런 자신을 바라보면서,
'나는 왜 이렇게 부지런하지 못한가'
'나는 왜 이렇게 게으른 사람인가'
'나는 왜 이렇게 한심한 사람인가'라며 자책하며
점점 위축된다는 점이에요.

일부러라도 게을러져야 한다

●

엄마는 슈퍼우먼도 아니고 기계도 아닌 사람이라서
무리한 삶을 계속 살면 체력적으로 방전되는 순간이 찾아와요.

신체적 건강은 심리적 건강에 영향을 미치고요.

불안을 에너지원으로 살다보면,

불안을 부지런함을 통해 상쇄시키다보면,

오히려 불안에 더 민감해져

불안이 조금만 자극되어도 폭발해요.

자주 폭발하고 그런 모습을 자책하다보면

심리적으로도 방전되는 순간이 오고요.

그래서인지 정말 희한하게도 아이가 자라 어린이집에 가고,

유치원에 가고, 초등학교에 가고, 중학교에 가면

엄마 마음에 여유가 생길 것 같은데,

정반대로 짜증과 분노와 죄책감이 더 잦아지곤 해요.

사실 이 모든 것들이 나 하나 희생해서라도

아이 잘 키워보려고 한 건데,

결국은 아이를 더 못 키우는 느낌이 들게 해

나중에 혼란스러워 하세요.

바쁘게 사는 삶, 부지런하게 사는 삶이 좋은 것만은 아니에요.

엄마니까 늘 부지런해야 하는 게 아니라,

엄마니까 종종 게을러져야 해요.

'어떻게 하면 부지런히 이 모든 걸 다 할까'가 아니라

'어떻게 하면 좀 덜 할 수 있을까' 생각해야 해요.

이런 얘기를 드리면 거부감이 먼저 들 수 있어요.

엄마에게 게으름은 금기어처럼 여겨지니까요.

아무리 노력해도 게으름이 잘 안 된다면

차라리 정말 부지런해야 할 것에 부지런해지세요.

길게 봤을 때에 가장 이상적인 육아는

더 이상 할 게 없는 완벽한 육아가 아니라

더 이상 뺄 게 없는 미니멀 육아예요.

덜 중요한 것들을 빼고 빼다 보면 하나만 남아요.

그건 소소한 일상에서 맺는 부모와 아이와의 친밀감이에요.

20년 이상 이것만 유지만 해도 부모 역할은 성공이에요.

아이와 친밀감을 꾸준히 유지하는 것만큼

아이와 엄마에게 안정감을 주는 것은 없어요.

다른 것보다 아이와의 관계에 부지런해짐으로써

그 이외에 해줘야 할 것 같은

수많은 것들엔 좀 게을러지세요.

부지런하고 계획 세우기 좋아하는 아내가 피곤한 적이 있을 거예요. 다 아이를 위해서 우리 가족을 위해서라고 하지만, 다 따라주려면 피곤하기도 해요.

하지만 그런 아내에게 "마음의 여유를 가지고 느긋하게 해라"라는 말은 별로 도움이 안 돼요. 오히려 아내의 불안을 자극하니 좋은 소리를 못 듣게 되죠. 아내도 부지런하고 싶어서 부지런한 게 아니거든요.

부지런함 이면에 있는 불안한 속마음을 이해해주세요. 그리고 먼저 육아와 가사 일을 적극적으로 분담하는 부지런함을 보여주세요. 그래야 아내 마음에 여유가 생기고, 아이도 여유로운 마음을 가지고 자라게 돼요.

두 아이 키울 때의 마음

아이가 둘이 되면 먼저 신체적으로 힘들죠.

아이가 둘이어도 엄마의 몸은 여전히 하나니까요.

아이가 둘이면 옷도 두 배. 그 옷을 입히는 노동도 두 배,

신발도 두 배. 그 신발을 신기는 노동도 두 배,

빨래도 두 배. 그 빨래를 널고 개는 노동도 두 배.

밥을 차릴 때에도 음식량뿐만 아니라

숟가락, 포크, 젓가락 2개씩 차려야 하고,

아이와 관련된 설거지도 간식도 2배로 늘어요.

잘 걷다가도 다리 아프다고 하면

한 아이 한 번 업어주고 나서 다른 아이도 한 번 업어줘야 하고,

기분 내켜서 목마 한 번 태워주면

다른 아이도 한 번 태워줘야 하고,

그 요구사항을 들어주자면 끝이 없죠.

아이가 둘이 되면 몸이 두 배로 힘든 게 아니라

제곱으로 갑니다. 몸이 4배로 힘들어요.

한 예로, 한 아이 한 번 업어주면

다른 아이도 한 번 업어줘야 해서 힘든 게 아니에요.

한 아이가 업어 달라 하면, 그 아이를 아직 업지도 않았는데

잘 걷던 다른 아이가 갑자기 자기도 업히고 싶다고

자기 먼저 업어달라며 시작부터 싸움이 나죠.

겨우 순서를 정해서 먼저 업어줘도

이제는 안 내리겠다고 버티고,

기다린 아이는 한계가 와서 울고불고.

이런 시너지를 해결하려면

몸이 4배로 힘든 신기한 경험을 합니다.

감정적으로도 4배 힘들다
●

이런 식으로 몸만 힘든 게 아니라 마음까지 힘들어요.

1대1의 관계에 비해 1대2의 관계는 훨씬 복잡해요.

아이도 독립적인 인격을 가진 사람인지라

1대2의 관계에서는 시기, 질투가 생기기 마련이에요.

엄마들은 머리로는 그게 당연하다고 생각해도

티격태격하는 순간마다 화나는 순간이 많아요.

화가 나면서도 진짜 힘든 이유는 따로 있어요.

바로 엄마 특유의 미안한 감정이 커지기 때문이에요.

한 아이에게 뭔가를 해줄 때

다른 한 아이에게 해주지 못하면 미안한 마음이 들어요.

첫째라서 생길 수밖에 없는 미안한 마음과

둘째라서 생기는 미안한 마음은 각각 달라요.

우선 첫째에게 미안한 것은,

'독차지'라는 것도 모를 정도로 당연하기만 하던 부모 사랑을

더 이상 독차지 못하기 때문이에요.

둘째가 태어나자마자 퇴행하고 둘째 경계하느라

노심초사한 모습을 보면 둘째를 가지지 말 걸 그랬나,

좀 늦게 가질 걸 그랬나 하는 생각과 함께 미안해요.

첫째도 아직은 분명 어린아이인데

둘째와 비교하면 다 큰 아이 같아 기대치가 높아

더 엄하게 대하게 되서 더 미안해요.

종종 둘째를 맡기고 첫째와 오붓한 시간을 보내면,

그때 엄마 아빠 양손 잡고

온몸으로 행복을 만끽하는 모습에 복잡해져요.

또 둘째를 보면, 첫째는 그나마 독차지하던 시절이라도 있었지만

둘째는 그런 시절 자체가 없으니 또 미안해요.

첫째는 사진도 동영상도 많이 찍고

출력도 하고 동영상 편집도 해서 기록으로 남겼는데,

둘째는 더 이상 그럴 여유가 없는 게 미안해요.

더 미안한 이유가 또 있죠.

열 손가락 깨물면 안 아픈 손가락 없긴 한데

문제는 손가락이 생긴 게 다 다른 거죠.

그래서 조금 더 끌리는 손가락이 있다는 점 때문에 미안해요.

어릴 적 편애 받은 상처가 있어서

머리로는 균형감 있게 똑같이 사랑하고 싶은데,

마음으로는 나도 모르게 자연스럽게 한 아이에게

더 관심이 가기도 하니, 그게 또 미안하고 자괴감마저 들어요.

결국 이런저런 복잡한 마음으로

감정적 시너지 역시 4배가 됩니다.

내려놓게 된다
●

신체적 그리고 심리적 한계를 경험하면서

아이 한 명 키울 때처럼

아이들에게 집중하지 못하고 상호작용을 못하니,

바람직한 양육을 하지 못한다는 생각이 들어요.

그게 가뜩이나 복잡한 마음을 더 괴롭게 하지만

결국엔 어느 정도 체념하죠.

근데 그때 신기한 일이 벌어집니다.

나도 모르게 육아 내공이 업그레이드되는 거죠.

아이를 양쪽 팔로 하나씩 안고 재울 수 있는 능력,

한 아이 먹이며 다른 아이와 대화할 수 있는 능력 등

둘째 케어에 첫째를 이용할 수 있는 능력이 생겨요.

진정한 내공은 첫째에겐 통하던 것들이

둘째에겐 통하지 않는다는 것을 깨달을 때

또 한번 업그레이드돼요.

단유, 수면교육, 식습관훈련, 배변훈련 등

첫째에게 하던 대로 둘째에게 해도 통하지 않는 경우가 많아요.

그리고 아이는 내가 아무리 노력으로 바꾸려 해도

타고난 기질은 무시할 수 없다는 것도 알게 돼요.

기질 반 양육 반의 진리를 경험하죠.

아이를 키우는 엄마 역할에 대해

그동안 어찌 보면 교만했다는 걸 깨닫고,

'아키텍키즈(젊은 부모들의 치밀하고 체계적인 육아 방식)'의 압박감에서

조금은 자유로워져요.

또 다른 여유가 생긴다

●

요즘 아이를 키우다보면 해야 할 것들, 해줘야 할 것들,

엄마가 가져야 할 덕목들이 많아도 너무 많아요.

하지만 아이 둘 이상을 키우다보면

버릴 건 버리는 능력이 생겨요.

완벽함을 조금은 내려놓죠.

두 아이 이상을 키우다보면 신체적, 감정적 한계 때문에

엄마로서 꼭 해야 하는 것만 하고,

어찌 보면 최소한의 육아만 하고,

나머지는 아이에게 맡기는 부분도 생기고

또 기관이나 다른 사람에게 맡기는 부분도 생겨요.

한 예로 둘째를 임신해서 첫째를 계획보다 빨리

어린이집에 보내면 걱정이 많이 들지만,

어린이집에서 나보다 더 많은 걸 해주고

나보다 더 좋은 밥을 먹인다는 점을 깨닫게 돼요.

또 어린이집에 보내면서 엄마의 몸과 마음에 여유가 생기면

그게 아이에게 선순환으로 돌아간다는 걸 깨닫기도 하죠.

다른 예로 엄마들은 동생을 괴롭히는 첫째를 떼어놓기 위해

주말엔 아빠가 첫째를 데리고 밖에 나가서

군것질을 하든 험하게 놀든

뭐라도 둘이 시간을 보내고 오기를 바래요.

남편이 아이 보는 스타일이 마음에 들지 않고,

남편 혼자 보는 게 불안해서

온전히 아이를 맡기지 못하던 분들도,

둘을 키우다보면 자연스럽게

부부 공동육아가 이루어지는 경우가 꽤 많아요.

신체적, 감정적 시너지 때문에

굉장한 조급함을 경험하기도 하지만

이런 거시적 관점이 생기니 오히려

또 다른 여유를 경험하기도 합니다.

감동과 사랑도 4배

•

둘이 되어도 경제적 수입은 같거나

오히려 둘을 케어하느라

한쪽이 경제활동을 못 하면 수입이 줄기도 하는데,

아이가 둘이 되면 한정된 걸 나눠야 하니

미리부터 걱정이 드는 건 당연해요.

그런데 두 아이를 키우다보면 또 다른 신기한 경험을 합니다.

예전엔 다른 집과 비교되며 미안했던 부분이

육아에 힘을 좀 빼면 전혀 다른 관점으로 보이기도 하고
오히려 해탈하는 경험을 해요.
그리고 내가 가진 사랑을 나눠줘야 한다는
뼈를 깎는 고통을 계속 느낄 줄 알았는데
내가 가진 사랑의 용량 자체가 커지는 경험 또한 하죠.

하나였을 때는 아이를 보며
이보다 더 큰 행복이 있을까 무한한 행복감을 느꼈다면,
둘이 되면 각자 예쁘고 각자 행복감을 느끼니
일단 행복감이 배가 돼요.
게다가 몸과 마음이 4배 힘든 것처럼,
둘이 서로를 위하고 챙겨줄 땐 물론이고,
둘이 세트로 앉아 있는 것만 봐도, 둘이 세트로 자는 것만 봐도,
둘이 세트로 노는 것만 봐도
그 감동과 사랑의 시너지가 4배로 느껴져요.

두 아이를 키운다는 건 분명 몸과 마음이 힘든 일이에요.
하지만 뭔가 마음이 풍성해지는
설명하기 어려운 신기한 경험을 해요.
둘을 키우든, 셋을 키우든, 넷을 키우든
다들 '어떻게든 다 키우게 된다'라고 하는 말이
많은 의미를 함축하죠.

이 글이 둘째를 고민 중인 분들에게 참고가 되면 좋겠고,
다둥이를 키우는 분들에게 힘이 되면 좋겠어요.

남편도 알아야 할 육아감정   tip ●

둘째가 태어나면 엄마도 힘들고, 첫째도 힘들고, 그리고 아빠도 참 힘
들어요. 그동안 만들어놓은 생활 패턴이 다 무너지니까요. 그리고 순
했던 첫째아이도 갑자기 돌변하니까요.

원만했던 부부관계도 둘째가 태어나고 많이 무너져요. 이 시기는 가족
모두가 힘든 시간이에요. 아내는 이 시간 남편을 제대로 뒷바라지 못
하는 미안함과 첫째에 대한 미안함, 첫째처럼 온전히 사랑해주지 못하
는 둘째 때문에 죄책감으로 가득한 시간이에요.

둘째가 성장하고 첫째가 안정되면서 힘든 시간은 다 지나가요. 그리고
그 무엇으로도 채울 수 없는 행복한 시간이 찾아온답니다. 그러니 조
금만 기다려 주시고, 상대적으로 소외된 첫째에게 사랑 듬뿍 표현하고
아빠와 단둘이 즐거운 시간 많이 가져주세요. 그것만으로도 엄마의 마
음은 많이 편해진답니다.

한 아이만 키울 수밖에 없거나 한 아이만 키우기로 결심한 분들이 위 글을 보
고 위축되지 않았으면 해요. 한 가지만 말씀드리자면 속설과는 달리 외동이
라고 해서 형제가 있는 경우보다 성격이나 사회성에 문제가 있지 않다는 연
구들이 있답니다.

엄마가 되고 나서
조급한 마음

아이들은 참을성이 없어요.

차근차근 뭘 좀 하려고 해도 징징거리는 소리를 앞세워

자기 말부터 들어달라고 하죠.

아이를 태우고 운전을 하면 아이는 꼭 장난감을 떨어뜨립니다.

운전 중이니 기다려주는 센스! 그런 거 없죠.

빨리 주워달라고 징징징!

청소 중에는 집을 어지럽히지 않는 센스! 그런 거 없죠.

더구나 아이가 둘 이상 되면

서로 자기 얘기부터 들어달라고 하죠.

다른 아이 손 닦아주는 동안

자기 손 먼저 닦아 달라고 징징거리고요.

아이 성격이 나빠서가 아니라

참을성, 인내심은 충동 조절 능력이 바탕이 되는데

충동을 조절하는 뇌 부위는 완성될 때까지 20년 이상 걸려요.

아이가 엄마를 기다리지 못하는 건 당연한 거죠.

아이를 사랑해서이기도 하지만 귀를 한없이 예민하게 만드는,

그 징징 소리를 안 듣고 싶어서

엄마는 서둘러 아이의 요구를 들어줍니다.

그렇게 기다리지 못하는 아이를 키우다보면

엄마도 점점 기다리지 못합니다.

모처럼 아이가 없어서 여유롭게 혼자 밥 먹을 수 있는 상황에도,

문득 흡입하는 자신을 발견하죠.

미혼 친구를 만나면 먼저 다 먹어버리는

자신을 발견하기도 하고요.

매일매일 쫓기는 느낌
●

기다리지 못하는 아이를 키우다보면 나름 노하우가 생깁니다.

그건 바로 멀티태스킹 능력이에요.

밥을 하면서도, 설거지를 하면서도, 청소를 하면서도,

알림장을 쓰면서도, 육아용품을 고르면서도,

쿠폰에 쿠폰을 이중적용하면서도 뒤통수에 눈이 달린 양

마음으로는 늘 아이를 주시하고 아이에게 말을 걸어요.
사고칠까 봐 그리고 징징거릴까 봐요.

멀티태스킹하다보면 자꾸 쫓기는 느낌이 들어
할일을 미리미리 생각해요.
화장을 하면서도, 양치질을 하면서도, 샤워를 하면서도,
밥을 먹으면서도, 잠을 재우면서도, 엄마들 모임에서도
그다음 할일을 생각하게 돼요.
엄마가 되면 머릿속이 부지런해지죠.

하지만 아무리 미리 생각한들
지나고 나면 꼭 하지 못한 일이 생각나요.
그럼 건망증을 자책하고, 정신 좀 똑바로 차리자고
더 많이 미리 생각하고 더 긴장해요.
그러면 더 쫓기는 기분이 들고요.
결국 기억력은 더 떨어지기 마련이고,
쫓기는 느낌에서 벗어나려고 미리 생각한 것뿐인데
오히려 악순환만 반복되죠.

아무리 미리 생각한들 육아는 늘 돌발상황의 연속이에요.
그게 나를 위한 일이든, 아이를 위한 일이든,
뭔가 한참 중요한 타이밍에 아이가 꼭 아픈 것처럼요.

아이 돌보느라 그 중요한 일은 무기한 연기되고,

아픈 아이 돌보는 중에도 마음은 더 조급해집니다.

아이 재우고 할일이 많은 밤, 꼭 그런 날 아이는 쌩쌩하고요.

그럴 때 엄마 마음은 더 조급해집니다.

조급함으로 가득 찬 감정일 때에 건드리면

폭발할 듯한 긴장감에 휩싸이고,

그러다 아이나 남편이 툭 건드리면 그때 진짜로 폭발을 해요.

긴장만 무한반복
●

인간은 돌발상황에 놓이면 어느 정도 초능력을 발휘합니다.

원시시대로 치면 맹수 등 위험한 동물로부터

자신의 안전을 지키도록 정신은 최대한 각성이 되고

심장은 열심히 펌프질해서 도망갈 태세를 갖추죠.

아이 역시도 잠시만 방심하면 위험한 상황에 노출되거나,

아이 스스로 위험한 상황을 자처하기에

이 험한 세상에서 안전하게 키우기 위해서

엄마는 늘 전투태세를 갖춥니다.

정신은 각성되어 예민해지고 심장은 열심히 펌프질해서

가슴이 두근두근,

아이를 키우는 엄마들은 항상 롤러코스터를 타는 듯한

뭔가 붕 뜬 듯한 느낌을 안고 생활합니다.

사실 초능력, 즉 교감신경은 꼭 필요할 때에만 써야 하는데
엄마로 살다보면 늘 사용해요.
우리의 몸은 긴장과 이완을 반복해야 하는데
이완은 없고 긴장만 무한반복되기 때문이에요.
그러다보면 자율 신경이 불균형해져요.
아이가 잠잘 때나 어린이집에 가 있을 때에
그 긴장감을 잠시 내려놓고 여유를 가져도 될 법한 상황인데도
잘 안 되는 경험이 있을 거예요.
아이가 갑자기 깰 수도 있고, 시월드에서 연락이 올 수도 있고,
단톡방에서 펼쳐지는 수다 읽다가 다른 엄마들은 다 하고 있는 거
나만 안 하고 있는 걸 알게 되는 경우도 긴장을 해요.

엄마의 삶을 살다보면 아이와 관련된 일들이 끊임없이 일어나죠.
실제로 일어나지 않으면 머릿속에서라도 일어나요.
이런저런 돌발상황을 예측할 수가 없기 때문에
그 소중한 여유 시간을 잘 써야 한다는 압박감 때문에
그것 자체가 이미 긴장 상태인 경우가 많아요.
조급함과 긴장감의 무한반복은
관련된 호르몬의 불균형으로 이어지고
그래서 전보다 더 조급해지고 더 긴장합니다.

아무것도 하지 않을 용기

●

마음의 여유! 도대체 어떻게 가질 수 있을까요?

마음의 여유를 갖고 싶어도

여유가 내 마음에 비집고 들어올 틈이 없어요.

굳이 한마디 드리자면 여유를 가지려고

애매하게 노력하기보다는

아무것도 하지 않으려고 노력해야 해요.

쉽게 말해 몸과 마음을 정기적으로 충전해야 해요.

엄마 특유의 초능력을 필요할 때에 제대로 사용하기 위해서요.

엄마가 편안한 몸과 마음 상태를 만들기 위해

최대한 노력하는 것은 사치가 아니에요.

몸과 마음이 아무것도 하지 않는 시간, 꼭 정기적으로 가지세요.

핸드폰을 비행기 모드로 해두고 아무에게도 간섭받지 않는 시간,

아무 생각 없이 멍 때리는 시간이 엄마에게 꼭 필요해요.

그 시간에 아이를 생각하지 않아도 결코 나쁜 엄마가 아니에요.

오히려 더 좋은 엄마가 될 수 있어요.

엄마도 마음의 쉼이 필요한 사람이에요.

몸 역시, 이미 아무것도 하고 있지 않지만

더 격렬히 아무것도 하고 있지 않아야 해요.

그렇게 충전이 되어야 엄마가 더 편안해지고

엄마 역할을 더 잘해요.

엄마는 로봇이 아니고 쉬는 시간이 필요한 '사람'이니까요.

남편도 알아야 할 육아감정   tip ●

퇴근 후에 집에 들어섰을 때는 깨끗하고 정리된 집안이면 좋겠지만 아이를 키우면서 집안일까지 완벽하게 하는 엄마는 많지 않아요. 보통의 엄마들은 하루 종일 조급한 마음으로 지냈을 가능성이 커요.

그럴 땐 아내가 오늘 정신없이 바쁘고 힘들었구나, 쉬고 싶겠구나 배려해주세요. 집안일은 해도 티가 안나는 경우가 참 많고, 집에서의 시간은 빛의 속도로 지나가버려요. 아내들은 아무것도 하지 않는 것처럼 보이는 시간에도 무엇을 해야 할지 걱정하고 스트레스를 받고 있는 경우가 많아요. 이해하기 힘들다면 '아내가 오늘 힘들었구나' 생각만이라도 해주세요.

내 몸 아플 때의 마음

누구든 엄마가 되면 먼저 몸이 아픕니다.

출산의 고통을 경험하니까요.

아쉽지만 그것으로 끝이 아니고 아픈 것에 참 익숙해집니다.

출산 고통 이후 산후조리는 결코 조리가 아니라는 걸 알게 되죠.

낮이고 밤이고 젖 물리느라

가슴 통증, 허리 통증이 시작되니까요.

그 후에도 아이를 먹여주고, 안아주고, 업어주고,

재워주고, 씻겨주고, 입혀주고,

이 모든 과정 동안 아이에게 집중하느라

나도 모르게 무리한 자세가 누적됩니다.

더구나 면역이나 신체 건강에 가장 중요한

먹는 것과 자는 것이 불규칙해지면서

머리, 어깨, 무릎, 발, 손목, 허리 등 온몸이 다 아파요.

불규칙적으로 먹어서 위염을 달고 살고

관절에 무리가 가서 목, 손목, 허리디스크도 달고 살아요.

늘 손발이 부어 있고 체력이 고갈된 상태로 만성피로를 경험하죠.

엄마는 마음대로 아플 수도 없다
•

하지만 아프다고 말할 수도 없죠.

남편에게 말해봤자 맨날 아프냐는 말이 비수를 꽂고,

아이는 엄마가 아프다고 욕구 충족을 참지 않아요.

엄마가 아프면 아이를 돌보는 일부터 시작해서

모든 집안일이 올스탑되니 엄마는 마음대로 아플 수도 없어요.

그렇게 아픔과 익숙해지고 참고 견디다가

진짜 큰 병이 나기도 해요.

종종 아이가 아프면

아이 대신 내가 아프면 좋겠다고 생각했었는데,

실제 내가 병이 나면 그리 만만치가 않아요.

아이가 입원하면 엄마가 아이를 돌볼 수 있지만,

엄마가 입원하면 아이를 누군가에게 맡겨야 하고,

아픈 엄마는 간병받기도 힘들죠.

간병해야 할 남편이나 친정엄마가 아이를 돌봐야 하니까요.

몸보다 아픈 건 마음
●

엄마가 되고 나서 아픈 곳 중에 가장 아픈 곳은 어디일까요?
바로 마음이에요.
몸이 아플 때면 마음이 더 아파지고,
마음이 아플 때면 몸도 덩달아 아파지죠.
실제로 신체질환이 우울증을 유발하는 경우가 많고,
몸이 여기저기 아파 검사를 했는데 별 이상이 없다면
우울증의 또 다른 형태인 경우가 많아요.
몸과 마음이 아파서 아이를 돌보기 힘든 지경이 되면,
아파서 아이를 돌보지 못한다는 생각에
아이에게 미안한 마음까지 생깁니다.

허리디스크에 걸려서 아이를 안거나 업지 않아야 하는데,
아빠랑 할머니가 안아준다 해도
누워 있는 엄마 품에라도 올라가 아이들은 안기고 싶어 하죠.
엄마는 그 모습을 보고 있자면 마음이 아파요.
마음이 울적해서 아이 앞에서 눈물이라도 보이는 날이면,
아이가 엄마의 슬픔을 인식하는 것 자체가
더 마음을 아프게 하고요.

회복을 위해 친정 또는 시댁에 아이를 맡겨야 하는 상황이 되면
아이에게 또 미안한 마음이 생기고요.
사실 아이는 엄마 마음처럼
그 상황을 비관적으로 인식하지도 않고
생각보다 잘 지내는데도 불구하고요.

내 몸과 마음을 돌보라는 신호
•

엄마가 몸이 아플 때는 또 마음이 아플 때는,
상황을 비관적으로 인식하기 쉬워요.
엄마가 고통스러운 건 둘째치고라도
아이는 물론이고 온 가족이 고생하는 것 같아서요.
'왜 하필 아파가지고'라고 자책을 하거나,
처지를 비관하거나 운이 나쁘다고 인식해요.
하지만 이럴 때는 우연이 아닌 필연이라고,
내 몸과 마음이 주는 신호라고 생각해야 해요.
그동안 무리한 것이니 아이를 좀 덜 돌봐도 된다는 신호,
가정을 좀 덜 돌봐도 된다는 신호,
내 몸과 마음을 좀 돌보라는 신호.

몸과 마음이 아프면 최대한 아이를 맡기세요.
친정, 시댁, 친구, 남편, 돌보미 가리지 말고

모든 방법을 동원하세요.

아픈 데도 어쩔 수 없이 아이를 봐야 한다면

평소보다 힘을 많이 빼세요.

어린이집에 평소보다 오래 맡기고,

아이 혼자 노는 시간을 최대한 늘려도 괜찮아요.

방치하는 느낌이 들더라도

일단 엄마 건강 회복이 최우선순위니까요.

그러다가 미안한 마음이 든다면, 그것 역시 신호로 생각하세요.

그만큼 내 몸과 마음이 힘들어서

과도하게 미안해하고 있다는 신호로 여기세요.

더 좋은 건 평소에 미리 조절하는 거예요.

몸에 무리가 많이 가는 것 같다면,

또 마음에 무리가 많이 가는 것 같다면

아이 돌보는 일에 조금은 소홀해지세요.

그리고 그만큼 자신을 돌보세요.

페이스 조절이 육아에선 가장 중요해요.

엄마가 아프면 온가족이 비상이죠. 양가 부모님들, 이모, 삼촌까지 총
출동하기도 하고요. 그나마 동원할 수 있으면 다행인데, 이런저런 도움
을 받지 못하는 경우 아픈 엄마 혼자 아이를 보는 경우도 많죠. 주변 도
움을 받더라도, 받지 못하더라도 엄마 마음은 참 복잡하고 불편해요.
남편이 아이를 보더라도 아내는 남편과 아이 밥 걱정에 마음 편히 아
프지도 못하고요. 아내가 아플 때는 동원할 수 있는 도움을 가능한 많
이 사용하세요. 무엇보다 남편의 응원과 위로가 가장 중요해요.

한 가지 생각에
꽂히는 마음

요즘 엄마로 살다보면 사소한 것에 집착하기 쉬워요.
쉽게 말하면 어떤 생각에 꽂히는 거죠.
요즘 세상이 아이 키우기 험하다보니 의심하는 마음도 많아요.
앱에서 제공하는 미세먼지 수치가 맞는지,
육아용품부터 아이용 식품까지 믿을 만한지,
어린이집이나 유치원 선생님이 좋은 분인지,
아이와 어딜 가려 해도 거기가 위험한 곳은 아닌지 생각하다보면
불안과 두려움이 생겨요.
더 깊게 생각하다보면 불안과 두려움에 압도되고요.

그러다보면 어떤 대상 자체에 확신이 없는 것을 넘어
과연 내가 맞을까 틀릴까 끊임없이 생각하죠.

내 육아 방식에 대한 확신이 없으니

그것 역시도 끝없이 확인하고 고민하고,

나아가 내가 하는 생각, 감정까지

내 안에서 일어나는 것임에도 불구하고

맞는지 틀리는지 끊임없이 생각해요.

이런저런 생각을 하고 따져가면서 마음은 점점 초조해지다가

어느 정도 충분히 따져봤다는 결론을 내고 나서야

잠시나마 안도감이 오죠. 그렇게 습관화가 되고요.

반복적으로 끊임없이 생각하고 따져보는 생각을

'강박적 생각'이라고 해요.

엄마는 생각도 행동도 많다

●

사람은 불안하고 두려우면 나름대로 대책을 강구해요.

불안과 두려움을 막기 위한 행동을 하는 거죠.

바로 자꾸 꼼꼼하게 확인하는 거예요.

미세먼지 앱도 여러 개 깔아놓고 비교하고,

육아용품 하나를 사더라도 믿을 만한 업체인지 검색하고,

엄마 카페, 블로그에서 사용 후기들을 꼼꼼히 찾아봅니다.

특히 아이가 다니는 기관만큼 불안한 게 없으니,

온라인에 있는 정보뿐 아니라 입소문까지 수집하고요.

이런 행동은 아이가 자랄수록

아이의 일거수일투족까지 확인하면서

급기야는 아이의 행동을 간섭하는 것으로 이어져요.

이에 그치지 않고 엄마 자신의 행동도 자꾸 확인해요.

맞는지 틀리는지, 남들은 어떤지 계속 찾아보게 돼요.

나만 유별난 것 같으면 더 불안해지고,

남들도 그렇다는 것을 알면 안도합니다.

그렇게 습관화가 되고요.

반복적으로 끊임없이 하는 이런 행동을

'강박적 행동'이라 해요.

마음만 부지런한 엄마들

●

이렇게 생각이 많고 행동이 많은 만큼

열심히 잘하고 싶은 모습이니 나쁘다고 볼 수는 없어요.

하지만 스스로도 고통스럽고

또 아이를 돌보는 데에 지장이 있다면

한번 나를 되돌아봐야 해요.

누구에게나 한정된 24시간이 주어지지만

강박적 성향을 가진 사람들은 하나를 하느라

다른 걸 놓치는 경우가 많아요.

덜 중요한 걸 하느라 중요한 걸 놓치는 거죠.

하나하나 꼼꼼하게 확인하고 정확하게 하다보면,

그런 애씀이 단순히 신체적으로 무리가 될 뿐 아니라

알게 모르게 심리적으로 부담이 돼요.

그래서 어떤 일이 주어질 때,

시작 자체를 미루고 미적대고 꾸물대며 느리게 하죠.

결코 게으른 게 아닌데, 마음은 참 부지런한 건데

겉으로 보면 게을러 보입니다.

'강박적 느림'이라는 강박의 개념이에요.

나의 감정이 억눌려서

●

보통은 생활에 지장이 있을 정도로

생각이 많고 행동이 많은 걸 스스로도 알고 있어요.

알지만 반복하기 쉬운 것이 강박이에요.

강박 생각과 행동은 그저 현상일 뿐이고

이면에 다른 원인이 있어요.

엄마로 살다보면 매일 반복되는 일상이 무미건조해지고

갑자기 몰려오는 허전함에 우울해지기까지 해요.

엄마의 삶을 사느라 진짜 잃어버린 건

내 자신의 감정이기 때문이에요.

아이를 키우다보면 욱하는 일도 많고

불안한 감정이 수시로 들어요.

그 감정의 에너지가 커지고 반복되다보면

엄마도 아이도 힘들어요.

결국 욱하고 불안한 감정은 억누르고,

감정 없는 생각만 의식화해요.

감정을 피하기 위해 지성을 사용하는 거죠.

끊임없이 지성을 사용해서 생각을 합니다.

사소한 것들에서조차 논리적 의구심을 가지고,

중요한 정보가 아니어도 우선 자료를 계속 수집해요.

사소한 것에 몰두하는 것 자체가 문제라기보단,

사소한 것에 몰두하면서 감정을 피하는 것이 문제인 거죠.

그러다보면 인간관계에서도

중요한 덕목인 유도리가 없어지고 경직됩니다.

아이와의 관계에서도 마찬가지고요.

생각을 하며 피하는 것 이외에도

행동을 하며 피하는 것이 있어요.

자꾸 확인하는 반복적인 행동 또한

불안한 감정이 드는 것 자체를 줄이기 위한 행동이에요.

마음이 복잡할 때 수건을 차곡차곡 개는 등

정리 정돈을 하는 것도 마찬가지예요.

정리를 하다보면 마음이 조금 편해지거든요.

자기 마음은 스스로 정리할 수 없기 때문에

정리하는 행동을 함으로써 마음이 편해지게 하는 거예요.

나의 감정을 보듬자

●

강박적 생각, 강박적 행동 모두 감정을 억눌렀을 때 생겨요.

감정이 많이 억눌렸다는 건,

그 감정이 그만큼 많이 힘들었다는 거예요.

감당하기엔 많이 힘든 감정이니까

나도 모르게 생각과 행동을 하며

감정을 더 억눌렀던 것인데,

결과적으로는 나 자신과 아이를 더 힘들게 한 거죠.

그래서 강박적으로 생각과 행동이 많아지면

내 마음이 주는 신호로 여겨야 해요.

이제 내 감정을 억누르지 말고 찾으라는 신호,

남들 시선에서 자유로워지라는 신호,

부모, 남편, 아이의 기대와 시선 때문에

원하지도 않는 일을 하면서 그걸 사랑이라고

스스로 세뇌시키지 말라는 신호,

나 자신보다도 먼저 남을 의식하는 내 모습을 발견하라는 신호,

그 신호를 알아차려야 조금씩 강박에서 벗어날 수 있어요.

그래야 아이를 의지하거나 집착하지 않고

편안한 마음으로 사랑할 수 있어요.

그래야만 가식이 아닌 진짜 소통을 할 수 있어요.

아이와 진실한 소통을 하고 싶은 게 모든 엄마의 마음이지만,

아이를 키우다보면 오히려 얄팍한 소통에 익숙해지기 쉬워요.

나의 감정을 끌어안지 못하고,

온전히 감싸 안지 못하는 상태로는

아이의 감정을 온전히 끌어안을 수 없어요.

사람 사이의 관계는 논리가 아닌 감성이고

생각이 아닌 감정으로 만들어져요.

엄마로 살면 나 스스로도 감당할 수 없을 정도로

복잡한 감정에 압도될 때가 많죠.

그런 나의 감정 상태가 아이에게 전해질까 봐 노심초사하고요.

하지만 아이에게 들킬까 봐

스스로가 감정을 숨기고 억누르다보면,

아이와 상호작용하는 것 자체가 자연스럽지 않고

스트레스가 되기 때문에 부담으로 다가오기 마련이에요.

많은 생각을 하고 많은 행동을 하는 게

부담스러운 아이와의 감정 소통을 피하기 위한

나도 몰랐던 장치였을 수 있어요.

나의 감정을 소중히 여기세요.

그래야 나를 소중히 여길 수 있어요.

내 감정을 아이와 공유하는 것을 두려워하지 마세요.

제한되고 각색된 감정으로는

그 누구와도 편안한 관계를 맺을 수 없어요.

남편도 알아야 할 육아감정   tip ●

여자는 남자와 달리 생각이 많고 복잡하죠. 남편 입장에서 보면 간단하게 생각하면 될 것 같은데 경우의 수에 또 경우의 수까지 미리 생각하고 계산하는 아내를 보면 피곤해요. 특히 아이 일에 생각을 많이 할 때 더 그래요. 바로 육아하며 생기는 강박 성향 때문이에요.

사실 아내도 복잡하게 생각하고 복잡하게 행동하고 싶지 않아요. 피곤하거든요. 그럴 때 옆에서 아내의 강박적 행동과 생각을 다그치기보다 그만큼 아내가 경험하는 감정이 힘들다는 것을 이해해주세요. 감정적으로 지쳐 있는 아내에겐 섣부른 조언보다 한 마디 공감과 위로가 필요한 순간이 많아요.

점점 멀어지는
부부관계에 대한 마음

아이를 키우다보면 가뜩이나 여유가 없는데

부부간 대화는 사치 같아요.

모처럼 알콩달콩 대화가 오가면 그때 꼭 아이는 훼방을 놓죠.

궁금하지도 않은 걸 물어보고

별로 중요하지도 않은 말을 반복해요.

일부러 그러는 거 같아서 물어보면

엄마 아빠가 얘기하는 게 싫다고,

무조건 자기 얘기만 들어달라 하죠.

그렇게 부부간 대화는 자연스레 뒷전으로 밀립니다.

어쩌다 아이로부터 해방된 순간이 와도

각자 스마트폰을 보거나 TV를 보고요.

그렇게 각자 스트레스를 풉니다.

아이 키우는 집이 다 그러려니 하지만,

이런 패턴이 반복되면 점점 문제가 생겨요.

사소한 일에도 오해가 생기고 자주 다툼으로 번져요.

개떡같이 말해도 찰떡같이 알아들었는데

이렇게 말이 안 통할 수가 있다니,

처음부터 성격이 안 맞는 사람이었는데 하면서

부부 인연에 대한 의구심마저 들죠.

초반엔 갈등이 생기면 해결할 의지라도 있었는데,

이제는 남편 아내 모두 지쳤는지

이런 문제를 예방할 여유도, 해결할 의지도 없어 보여요.

아이가 늘 먼저라서

●

아무리 금슬이 좋던 부부도 부모가 되면 점점 균열이 생겨요.

아이가 우선이 되면서 부부관계는 자연스럽게 뒷전으로 밀리고

아이에게 계속 신경을 써야 하니 대화할 때도 주의가 분산되죠.

눈으로는 아이를 보면서 남편에게 말을 걸기도 하고,

가뜩이나 늘 조급한데 온전히 집중하지도 못하니

적절한 의식의 필터 없이 말이 나와 감정 상하는 말도 해요.

심리적, 신체적 부담감까지 겹치면

사소한 갈등이 다툼으로 이어지기 쉽죠.

아이가 없었을 때엔 그날 대화로 풀거나
아니면 몸의 대화로라도 해결했지만,
아이가 생기고 난 이후에는
부부 단둘이 화해할 시간을 내기가 쉽지 않아요.
늘 시간이 부족하고 여유가 없어서
부부간에도 '요점만 간단히' 말하는 의사소통을 습관처럼 해요.
'팩트'만 짧고 굵게 공유하는 거죠.
집안에서도 까톡 대화에 익숙해지고요.
그러다보면 사소한 오해들이 쌓입니다.
아이 키우느라 몸과 마음이 힘든 상태에서는
배우자가 별 뜻 없이 한 말도 한번 꼬아서 인식되기 쉬우니까요.

도망가고 쫓아가고
●

남자는 본능적으로 과정보다는
문제 해결 중심, 결과 중심의 생각을 자동적으로 해요.
부부간 갈등은 명확한 해결 방법이 없는 경우가 많아요.
서로의 생각과 감정을 공유하면 되는데
남편 입장에서는 그게 쓸 데 없이 느껴져요.
아내 입장에서 명절날 시월드와의 만남 이후

불편한 감정을 이야기해도,

남편 입장에서는 딱히 해결 방법이 없으니까

'아~ 됐어. 그만해'라며 단도리쳐요.

아내는 힘든 마음을 공감받고 싶었을 뿐인데,

오히려 거절받고 무시받는 느낌을 받는 거죠.

남편이 더 이상 내 편이 아니라는 생각은

이러다 사랑받지 못하고 심지어 버림받을지도 모른다는

무의식적인 불안과 두려움의 감정을 낳아요.

아내의 심리적 안정감이 송두리째 흔들리죠.

그래서 아내는 다음번에 대화 기회가 생기면

예전 상처받은 경험까지 꼭 생각이 납니다.

그 말을 하다보면 또 감정이 격해져서

비난조의 말을 연거푸하고요.

한마디 할 것도 두 마디 세 마디,

나중엔 열 마디까지 하며 남편을 공격합니다.

불안과 두려움이 큰 나머지

밤새도록 말을 해도 할 말이 많이 남은 이유예요.

회피형 남편, 추적형 아내
●

그래서인지 한 리서치 결과

남편이 가장 두려워하는 아내의 한마디는,

'당신 나랑 잠깐 얘기 좀 해'라고 합니다.

잠깐이 아닌 걸 수많은 경험을 통해 알고 있는 거죠.

초반엔 남편이 핑계를 대기도 하고 방어하느라 역공격도 합니다.

아내 입장에서는 그러는 남편이 괘씸하고

더 불안해지며 두려워지죠.

그래서 비난이 아닌 더 센 걸 합니다.

바로 '경멸'이라는 인신공격이에요.

남편 입장에서는 인신공격을 받으면 심적인 타격이 꽤 큽니다.

내 힘으로는 이 관계를 해결할 수 없다는,

남자에겐 최악의 감정인 무력감을 느끼게 하거든요.

심적인 타격이 심하지만 어차피 해결을 못할 것같고,

자칫하면 가정이 파괴될 수 있다는 생각까지 해요.

그래서 남편 입장에서는 가정을 지키기 위해서

최후의 방법을 쓰는데, 그것은 아내와 심적 거리를 두는 거예요.

아내는 남편이 자신과 거리를 두고

피하는 것 같은 느낌에 아주 민감합니다.

그냥 둬서는 남편이 더 멀리 달아날 것 같아

더 불안해지고 두려워집니다.

가정이 파탄나면 아이는 어떻게 될지,

이런저런 상상의 날개를 펴기 시작하고요.

결국 남편과의 거리를 좁히기 위해
더 열심히 힘을 내서 쫓아가죠.
남편 입장에서는 무섭게 쫓아오는 아내와 부딪혀서
자신도 꾹 참고 있던 걸 터뜨리면
진짜 일이 커질 것 같아 더 열심히 도망가고요.
부부간에 참 흔한 '회피형 남편 – 추적형 아내'라는
악순환의 고리입니다.

덜 쫓아가자
•

이런 부부관계 패턴이 지속되다보면
아내는 사랑받지 못할까 봐, 심지어 버려질까 봐
더 불안해지고 더 두려워집니다.
남편을 붙들기 위한 행동이 집착으로 이어지기도 하죠.
하지만 남편의 관심과 사랑을 얻기 위해서는
조금은 덜 쫓아가는 게 도움이 됩니다.
그런다고 남편과 영원히 멀어지지 않습니다.
남편도 가정을 지키고 싶어서 회피했던 것이니까요.
오히려 남편에게 압박감을 덜 주면 남편은 덜 도망가요.
덜 쫓아가면 덜 도망가는 것, 어찌 보면 당연하죠.

조금 구체적인 팁을 드리자면

갈등 상황이 생겼을 때 추궁을 덜 하면 돼요.

아내 입장에서는 추궁한 적이 없는 것 같지만

잔소리가 추궁이에요.

모든 남편은 아내의 잔소리를

알레르기가 일어날 정도로 싫어하는데

잔소리는 거창한 게 아니에요. 한 말 또 하고 또 하는 것입니다.

아내 입장에서는 한 번 얘기하면 듣는 둥 마는 둥이니,

또 한 귀로 듣고 두 귀로 흘리는 것 같아

답답하고 불안해서 계속 말하는 것이지만,

오히려 남편이 점점 대화를 피하는 결과만 낳아요.

그러니 열 마디 하고 싶으면 다섯 마디만 해보세요.

2보 전진을 위한 1보 후퇴 전략인 거죠.

부부만의 시간을 습관화하기
●

그래서 부부는 문제가 있을 때에만 대화를 하는 게 아니라

아무 일 없어도 평소에 대화하는 게 중요해요.

육아에 지치고 여유가 없을수록

부부만의 시간을 습관화해야 해요.

아이를 재운 뒤 늦은 밤이나, 이른 아침

부부가 서로의 대화에만 집중하는 시간을

하루 10분이라도 루틴 일과로 정하는 게 좋아요.

부부 3쌍 중 1쌍은 하루 10분 미만의 대화를 한다고 해요.
부부간 대화가 원활하지 못하면
15년 이내에 이혼할 확률이 94%나 된다고 하고요.
대화할 때 '추궁과 회피'라는 악순환의 고리에 휩쓸리지 말고,
내가 말할 차례엔 배우자가 아닌 내가 주어가 되어
상황과 마음을 그냥 공유해야 해요.
내가 들을 차례엔 내가 아닌
배우자가 인식한 상황과 마음을 그냥 들어야 해요.
사실 부부간 갈등은 논리적인 합의점을 찾는 게 거의 불가능해요.
해결 방안을 찾지 못하더라도 사이좋게 대화를 하면 성공이에요.
부부는 성격이 반대인 사람들이 만나기 마련이라서
대부분 부부관도 육아관도 반대일 수밖에 없어요.

선불리 간극을 좁히거나 일치시키려 하지 말고
규칙적으로 자신의 생각과 감정을 공유하고
상대방의 생각과 감정을 들어주세요.
이런 대화는 마음의 여유가 필요해서
조급한 일상에서 하기는 힘들어요.
그럴 때엔 아이 없이 데이트하는 게 도움이 돼요.
한 달에 한 번이라도 데이트하는 시간을

사수해보려고 노력해보세요.

연애 때나 신혼 때 자주 가던 데이트 장소를 가는 게

분위기 전환에 도움이 돼요.

예전의 좋았던 감정 기억이 되살아나기도 하고,

상대에 대한 불만과 부정적인 생각도 균형이 잡히니까요.

참 소중한 데이트 시간만큼은 아이에 대한 대화를 자제하고,

부부만의 추억을 떠올리거나, 아이를 다 키운 뒤

부부의 미래에 대해 공유해보는 것도 좋은 방법이에요.

아이를 다 키우고 나면

언젠가 아이는 떠나고 부부관계만 오래 남아요.

결국엔 날 떠날 아이를 키우느라

가장 소중한 부부관계를 뒷전으로 미루지 마세요.

남편도 알아야 할 육아감정   tip ●

부부가 서로 노력해야 하지만 대부분의 가정에서는 남편이 변화의 필요성에 둔감하기 때문에, 상대적으로 남편의 변화 노력이 중요해요. 아내의 비난과 추적 이면에 있는 불안과 두려움을 깨닫고 먼저 믿음을 주고 덜 회피하고 덜 도망가면 돼요.

덜 도망간다고 꽉 잡히고 숨 쉴 구멍이 없어지는 게 아니에요. 아내와 조금 부딪힌다고 우려할 만한 큰 후폭풍이 생기지도 않고요. 오히려 도망가니까 더 쫓아오고 그러면 더 멀리 도망가야 하니까 숨이 차기 마련이에요. 구체적인 대화 팁을 말씀드릴게요.

모든 아내는 공통적으로 하는 이야기가 있어요. 우리 남편은 내 마음을 조금도 몰라준다는 거예요. 오랫동안 뿌리박힌 문제 해결 관점에서 공감 위주 관점으로 대화 패턴을 바꾸는 게 쉽지는 않지만 훈련하면 점점 발전해요. 아내가 문제를 해결하라고 자신을 압박하는 것처럼 느껴져도 그건 남편 자신의 생각일 수 있어요.

어떤 문제를 아내가 이야기했다면 그로 인한 아내의 마음을 물어보세요. "그래서 당신 마음이 어땠어?"라고요. 아내가 이런저런 마음을 이야기하면 객관적인 입장에서 판단하지 말고 "당신 마음이 그랬구나… 그랬겠다…"라고 반응해주세요.

아내의 마음에 집중하는 마음으로 이 두 가지 말을 적절히 반복하면 자연스럽게 더 구체적인 마음을 이야기할 거예요. 문제가 해결되지 않아도 아내의 마음이 풀려요. 사실 그것만큼 완벽한 문제 해결은 없고요.

Chapter
4

엄마다워야 한다는
생각 때문에
불편한 감정 신호

좋은 엄마로
보이고 싶은 마음

엄마로 사는 건 참 부담스러워요.

첫 아이 임신했을 때를 생각해보세요.

얼마나 부담스러우면

임신을 확인하자마자 갑자기 개과천선합니다.

입에 달고 살던 욕도 안 하고 좋은 말만 하고,

나쁜 음식 다 끊고 좋은 것만 먹어요.

잘생기고 예쁜 연예인 사진이나 좋은 그림만 보고요.

왠지 그래야 뱃속에 있는 아이에게

좋은 엄마가 된 것 같아서죠.

그런데 지금은 어떤 엄마인가요?

엄마다워야 한다는 가면

●

'나는 이런 엄마다'라고 정의내리기 쉽지 않을 거예요.

엄마들은 요즘 말로 다중이니까요.

사실 다중이는 이상한 게 아니라 정상이에요.

"내 속엔 내가 너무도 많아"

〈가시나무〉 노래 가사 중 한 구절이에요.

엄마 마음속에 크게 자리 잡은 모습 중 하나가

'엄마다운 나'의 모습이에요.

전문용어로 엄마의 '페르소나'라고 해요.

페르소나(고대 그리스 가면 연극에서 사용하던 '가면')는

사회적으로 보이고 싶은 가짜 모습을 의미하죠.

엄마가 되는 순간,

아니 그전부터 우리에게는 엄마 페르소나가 있어요.

갖고 싶지 않아도 집단적으로 가지고 있는 무의식이기 때문이죠.

엄마가 아이를 학대하는 기사라도 나면

실시간 검색어 순위권에 오르고 댓글도 풍성해지는 이유는,

사람들이 가지고 있는 엄마에 대한 기대치,

엄마라는 페르소나 때문이에요.

이런 페르소나를 가진 직업군이 몇 개 있죠.

연예인, 종교인, 정치인 등등.

이분들에게는 사람들이 기대하는 이상적인 인격이 있어요.

그래서 이런 직업을 가진 분들은

그 이미지를 유지하느라 굉장히 힘들어 해요.

자기도 모르게 그게 본연의 자기 자신이라고 착각하기도 하고요.

하지만 말 그대로 착각이에요.

성인군자가 아닌 이상,

불가능한 것을 가능하게 여기다보면 부작용이 일어나요.

페르소나가 점점 팽창하다보면 풍선처럼 빵! 하고 터져요.

페르소나로서의 인격과 본연의 인격이 극과 극으로 분열되죠.

평소 이미지와 다른 정반대 행동으로

뉴스에 나오는 공인들을 생각하면

더 쉽게 이해할 수 있을 거예요.

안타깝지만 엄마도 마찬가지예요.

나도 모르게 생긴 엄마다움과 엄마 페르소나로 살아가요.

나쁘다고 볼 수는 없지만 본성을 무시하면서까지

엄마의 모습만 보이려다보면

내 몸과 마음이 신호를 보내 무의식적인 갈등을 표현해요.

왠지 우울하고 불안하고 머리가 아프고 짜증이 나는 것,

감정 조절이 되지 않고, 아이에게 화내고 소리 지르는 거죠.

그런 게 반복된다면,

자책하거나 무조건 억누르려고 애쓸 게 아니라

엄마로서의 삶에 문제가 있다는 신호로 봐야 해요.

뭔가 바뀌어야 한다고 내 몸과 마음이 신호를 보내는 거니까요.

즉 본성을 무시하지 말라는 신호예요.

내 마음이 내가 바라던 엄마다움이 아니라고 해서

그런 신호를 무시하다보면 결국 문제가 더 커져요.

밖에서는 좋은 엄마 이미지를 유지하려 노력하지만

그게 본성과 차이가 커질수록 팽팽해지다가 결국엔 빵 터지죠.

극단적으로 가족을 떠나거나,

또 아이를 방치하거나 학대하는 식으로요.

아이러니하죠. 좋은 엄마가 되고 싶었을 뿐인데

결과적으로는 평소 내 본연의 인성보다

더 나쁜 엄마가 되는 현실이요.

그럼 어떻게 해야 할까요? 페르소나를 버려야 할까요?

엄마다움을 포기해야 할까요?

엄마다움과 나다움은 다르다

●

아니에요. 엄마다움은 꼭 필요해요!

다만 그게 나다움과 동의어는 아니라는 걸 알아야 해요.

엄마다움은 궁극적인 목적이 아니고,

아이를 키우기 위해 필요한 수단일 뿐이에요.

온화한 엄마, 배려심 깊은 엄마,

헌신하는 엄마가 목적이 될 수 없어요.

온화할 때도 있고 그렇지 못할 때도 있는 게

오히려 자연스러워요.

가면을 쓰고 그 가면에 맞는 역할을 해야 할 때가 있지만,

'가면'을 쓰고 있다고 해서 그게 '나' 자체는 아니에요.

엄마다움이라는 가면을 쓸 때도 있지만 벗을 때도 있어야 해요.

엄마 페르소나를 인식하는 것이

페르소나와 내 본연의 모습을 구분하는 시작이에요.

나도 모르게 나와 동일시했던 엄마의 페르소나를 생각해보고

잊기 전에 어디에든 적어보세요. 예를 들어,

- 나는 아이를 단 한 번도 실망시키지 않는 엄마

- 나는 아이 보기에 부끄럽지 않을 만큼 근면 성실한 엄마

- 나는 누구에게나 부러움을 살 정도로 몸매가 멋진 엄마

- 나는 내가 먼저 공부하는 모습을 보여주는 엄마

- 니는 우리 아이 친구 잘 만들어주는 엄마

- 나는 아이와 잘 놀아주는 엄마

- 나는 아이를 잘 훈육하는 엄마
- 나는 언제나 꾸미는 엄마
- 나는 똑똑한 엄마
- 나는 뭐든지 잘하는 엄마

제 페르소나도 적어볼게요.
아이와 어딜 가면 저를 알아보는 분들이 종종 계세요.
그 자리에서 아는 척해주시면 좋은데,
몰래 관찰하다가 나중에 블로그나 인스타 댓글로
봤다고 하시는 분들이 있어요.
그래서 저는 밖에만 나가면 더 적극적으로 아이와 놉니다.
더 높게 아이를 번쩍번쩍 들면서요.
하지만 이 모습이 제 본성과 같은 건 아니에요.
그 부분을 인정해야
오히려 더 건강한 육아빠가 된다는 것을 알기에,
육아빠와 저 자신을 구분하려고 늘 애써요.

생각보다 내 자신과 페르소나의 구분이 어려워요.
엄마다움이라는 가면을 잠시 벗었더니 본연의 나다움,
내 본성이 뭐였는지 기억조차 나지 않을 때가 많을 거예요.
그동안 엄마다움에 나를 맞추다보니
나 자신이 없어지고 있었으니까요.

오늘 나의 엄마다움, 나의 페르소나를 한 번 적어보세요.

그리고 그 모습과 내 진짜 모습을

구분하는 시간을 꼭 가져보세요.

그게 내가 추구하던 엄마다움에

오히려 더 가까워질 수 있는 방법이에요.

남편도 알아야 할 육아감정 tip ●

모든 엄마가 모성애를 가지지만 100% 희생과 사랑으로 충만한 모성애
만 있는 것은 아니에요. 내 아내가 내 어머니 같을 수 없어요. 그게 바
람직하지도 않고요.

여자의 모습, 엄마의 모습이 이렇다, 라고 정의하지 마시고, 지금 있는
그대로 아내의 모습을 인정해주시고 바라봐주세요. 그 시선의 변화만
으로도 아내는 더 행복한 엄마가 되고 아내가 될 거예요.

아이 앞에서 울면
안 될 것 같은 마음

아이를 키우다보면 슬픔과 우울감을 자주 느껴요.
잠든 아이를 보며 힘든 마음을 달래보지만
갑자기 아이에 대한 죄책감으로 연결되고,
그렇게 감정적으로 격해지다보면 눈물 폭발로 이어지죠.
반대로 화가 치밀어 오를 때에 그 화를 참다가
결국 눈물 폭발로 이어지기도 하고요.

울고 있는 자신을 발견하면
왠지 못난 엄마, 나쁜 엄마 같다는 생각이 머릿속을 지배합니다.
엄마가 울다니, 특히 아이 앞에서 눈물이 날 때는
아이에게 결코 들키면 안 될 것을 들킨 듯한 마음이 들어
찝찝함을 이겨낼 수가 없어요.

눈물을 참다가

●

눈물은 슬픔, 우울함 등
'부정적인' 정서라고 생각하는 사람들이 많아요.
부정적인 정서가 아이에게 전달될까 봐,
그러면 부정적인 아이로 자랄까 봐,
결국 아이에게 문제가 생길까 봐 엄마들은 걱정해요.
그래서 눈물을 참고 또 참고 또 참아요.
그렇게 몇 년 지내다보면 눈물을 참을 수 있는 경지에 오르죠.
거기까지면 그나마 다행인데 그다음 경지를 향해 달려갑니다.
눈물의 원인이 되는 감정 자체를 느끼지 못하는 거죠.
그러면 눈물은 진짜 나오지 않아요.

많은 엄마들이 말해요.
초반에 육아가 힘들 때엔 툭 건드리기만 해도 눈물이 났는데
내공이 쌓여서 그런지 이젠 눈물마저 나지 않는다고,
눈물의 싹이 말라버린 것 같다고,
눈물의 싹이 말라버린 건 그만큼 아이 키우며 치열하게 살아
멘탈이 강해졌기 때문일까요?

감정을 느끼지 못하다

●

아이가 어린이집에서 처음으로 재롱잔치를 할 때에
많은 엄마들이 눈물을 흘려요.
슬프거나 우울해서가 아니라, 뭐라 설명할 수는 없는
복잡한 감정을 경험하기 때문이죠.
이처럼 눈물은 희노애락과 같은 모든 감정과 관련이 있어요.
감정을 충분히 인식하고 수용하는 수단이 되기도 하고요.

그런데 '희와 락'은 그렇다 쳐도 '노와 애'는
부정적인 감정으로 생각하는 분이 많아요.
하지만 엄마와 아이에게 추천하는 애니메이션
〈인사이드 아웃〉을 보신 분은 그렇지 않다는 걸 알 거예요.
문제 하나 낼 게요.

[문제] 우울하다며 찾아온 두 명의 엄마가 있다.
다음 중 심리적으로 건강하지 않은 엄마는?

❶ "요즘 우울해요!"라고 말하는 엄마
→ 밥도 잘 먹고, 잠도 잘 자고, 일과 양육 둘 다 잘한다.
　　물론 우울한 감정은 진짜다.

❷ "남편이 가라고 해서 왔어요!"라고 말하는 엄마

→ 입맛도 없고, 잠도 잘 안 오고, 일도 하기 귀찮고

　아이 보기도 귀찮다. 하루 종일 무기력하고 몸이 쑤신다.

　우울하진 않지만 웃긴 걸 봐도 웃기지 않다.

　그러고 보니 내 감정을 나도 잘 모르겠다.

정답 2번

정신의학적으로 감정불능증Alexithymia이라는 증상이 있어요.

감정이나 기분을 말로 표현하거나 인식하는 것이

어렵거나 불가능한 경우를 말해요.

이런 경우 감정이 몸으로라도 표현해요.

우울하진 않지만 여기저기가 아픈 식으로 나타나는 거죠.

스트레스로부터 몸을 지켜주는 눈물

●

내공이 쌓인 엄마들이 경험하는 눈물의 싹이 마른 건

사실 멘탈이 강해졌기 때문이 아니에요.

심리적으로 더 건강하지 않은 상태예요.

눈물은 감정을 표현하는 역할뿐만 아니라

눈물 자체에 의학적으로 의미가 많아요.

눈물에는 스트레스 호르몬이 많이 포함되어 있어

눈물을 통해 스트레스 호르몬을 몸 밖으로 배출해내요.

스트레스로부터 몸을 지키는 수단인 거죠.

눈물을 흘리면 혈액순환도 촉진되고 면역력도 높아져요.

좋은 기분 유지와 관련된 여러 호르몬 분비도 늘어나고요.

어떤 계기로 눈물을 마음껏 흘리고 나면 쌓였던 감정이

어느 정도 해소되는 느낌을 받은 경험이 있을 거예요.

그걸 카타르시스라고 해요.

그러고 나면 생각과 감정이 어느 정도 정리되어,

'그 정도로 울 일이었나'라는 생각을 하기도 하고요.

눈물은 힐링이다

●

엄마니까 울면 안 될까요?

엄마도 울고 싶으면 울어야 돼요.

아니, 엄마니까 울고 싶으면 울어야 돼요.

감정을 표현하지 않고 쌓아두다가는 더 크게 폭발해요.

육아가 힘들어 울고 싶으면 우세요.

아이 앞에서 눈물을 흘려도 괜찮아요.

엄마가 운다고 아이가 이상해지지 않아요.

오히려 엄마가 아이에게 감정을 꼭꼭 숨기면

아이는 엄마의 속마음이 어떤지 헷갈려 더 눈치보고 더 위축돼요.

100프로 티가 안 나면 다행이겠지만

숨기려 해도 숨길 수 없는 게 사람의 감정이에요.

오히려 엄마가 늘 긍정적이고 웃기만 하면
아이는 그렇지 않은 감정을 느낄 때에
자기가 이상한 사람이라고 생각하고
본연의 감정을 억누르고 외면해요.
그래도 너무 신경 쓰인다면 혼자 방에 들어가서라도
짧고 굵게 마음껏 울고 나오세요.
눈물은 훌륭한 셀프 힐링 도구예요.

남편도 알아야 할 육아감정　　　　　　　tip ●

누군가의 아들에서 갑자기 누군가의 아빠가 된 당신도 가장이라는 이
름으로 힘든 날이 많을 거예요. 울고 싶어도 남자라서 울지 못하는 시
간들 많을 거고요.
우는 일은 남자답지 않은 모습이라는 편견에서 벗어나세요. 남자가 우
는 것도 괜찮아요. 아빠도 사람이니까요.
때론 약한 모습을 보여도 돼요. 강한 모습을 보이는 것에 집착하지 마
세요. 오히려 감정이 고스란히 쌓였다가 엉뚱하게 가족에게 공격적인
언행으로 나타날 수 있어요. 아무리 그래도 가족 앞에서조차 우는 일
이 힘들다면 혼자 있는 시간 마음껏 우는 시간을 가져보세요.

명절과 시대을
피하고 싶은 마음

몸도 마음도 피곤하던

레지던트 1년차 병동 주치의를 하던 그 시절,

설이나 추석 연휴 같은 명절이 싫었어요.

남들 다 쉬는데 병동을 지킨답시고

당직을 해야 했기 때문만은 아니었죠.

입원 환자 중, 남성 분들은 명절 쇠러 가야 한다며

명절 전에 퇴원시켜달라고 애원했고,

반대로 대부분의 며느리들은

명절 지나고 퇴원하면 안 되겠냐고 애원했어요.

거의 다 나았던 우울증인데

갑자기 잠이 안 온다고 하고 갑자기 불안하다 하고 등등.

정신과 이외의 다른 과 환자분들도 다 마찬가지였어요.

명절이 다가오면 호전되던 병이

다시 악화되는 증상을 보이는 분이 많았어요.

심지어 명절 연휴 전날이나 전전날 꼭 입원시켜달라며

외래 진료를 보는 며느리 분들도 있었고요.

그때는 그게 절반은 꾀병인 줄 알았는데

사람 마음과 몸에 대해 알아가면서,

결코 꾀병이 아니란 걸 알았어요.

반복되던 명절 스트레스가 떠오르면서

무의식적으로 회피할 방법을 찾는 거죠.

그러면 참 신기하게도 잘 회복되던 몸과 마음이 다시 아파요.

멀쩡하던 몸과 마음도 아파오고요.

사실 대부분 한국 며느리들에게 명절은

부담스럽고 피하고 싶은 날이죠.

불편하니까요

●

아무리 시부모님이 편하게 해주신들 몸과 마음은 편하지가 않죠.

편하게 해주신다고 생각하는 것도 그들만의, 남편만의 착각이죠.

간혹 시어머니와 코드도 잘 맞고

크게 불편하지 않은 분들도 있지만

시월드 질량 보존 법칙에 의해

시아버지나 시누이, 시고모가 불편한 경우가 많아요.

그 와중에 시부모님이 안 계시거나 외국에 사셔서
연휴 때 편하게 놀러가는 엄마들을 SNS에서 마주하면
상대적 박탈감 때문에 더 화가 나죠.

그런데 '시누이 보고 친정 가라'는 시부모님 말씀에
그분께 눈짓을 아무리 줘도 안 보이는 건지
못 본 척하는 건지 눈치를 채지 못하고요.
그러니 명절 때마다 울화가 치밀고 신경질이 나는 건
어쩌면 당연할지도 몰라요.
그래서인지 명절 직후엔 이혼 소송이 많아요.
부부상담도 늘고요.

마음이 불편한 이유
●

그럼 명절엔 마음이 왜 이렇게 불편할까요?
그 내면을 살펴보면 상반된 마음이 대립하는 경우가 많아요.

시댁 가기 싫은 마음 vs 좋은 며느리로 보이고 싶은 마음

두 가지 마음을 가진 것 자체가 이미 나쁜 며느리인 것 같아서,
그 생각과 감정을 억눌러서 마음이 불편해져요.
불편한 감정이 해소되지 않으면 몸으로라도 표현돼요.

두통, 소화불량, 근육통, 울렁증 등,

명절증후군이 그래서 나타나요.

몸이 불편하니 더 신경질이 나고 짜증이 나요.

명절을 지내는 와중에도 기왕 간 거

좋게좋게 지내고 싶어서 몸과 마음을 무리해요.

하지만 그 결심을 함과 동시에 시월드의 한 마디는 비수를 꽂죠.

그때마다 복잡한 생각과 감정이 들지만

그것 자체가 나쁜 마음인 것 같고

좋은 며느리가 아닌 것 같아 그 생각과 감정을 또 억누르게 돼요.

그 감정을 해소하지 못하고

결국 돌아오는 길에 쌓였던 모든 감정을

남편을 향해 빵 하고 터트리죠.

남편에게 시월드의 이런저런 말이

상처가 되었다는 마음을 말해봤자,

이미 감정적으로 표현했기에

상처받은 마음을 이해해주지 못하죠.

남편은 핑계 대며 둘러대거나 자기도 힘들었다고 하고,

우리 부모님은 비교적 좋은 분이라 하고,

심지어 나를 속 좁다고 비난까지 하죠.

그렇게 상처는 두 배, 세 배가 돼요.

두 가지 내 마음을 받아들이기

•

시월드 문화가 바뀌면 좋지만
불가능에 가깝다는 걸 이미 아실 거예요.
남편의 정서적 지지가 참 중요하지만
불가능에 가깝다는 것 역시 아실 거예요.
그래서 내 마음은 다른 사람이 아닌 내가 지켜야 해요.
마음이 복잡해서 회피하고 싶을수록
오히려 속마음을 잘 들여다보세요.

내 마음속에서 일어나는 생각과 감정은
100퍼센트 타당하다는 마음가짐을 가지고 들여다보세요.
어떤 마음이어도 괜찮아요.
명절이 부담스럽다고 나쁜 며느리가 되는 것도 아니에요.
정말 나쁜 며느리는 명절 스트레스도 없고 명절 증후군도 없어요.
오히려 착한 며느리가 경험하죠.
어떤 마음이든 "그저 자연스러운 거다!"라고
내 마음을 수용하세요.

- 시댁 가기 싫은 게 자연스러운 거다!
- 시어머니 보기 싫은 게 자연스러운 거다!
- 시누이 더 보기 싫은 게 자연스러운 거다!

– 시월드의 어떤 멘트가 비수를 꽂을지 몰라서
　두렵고 피하고 싶은 게 자연스러운 거다!
– 여자들만 일하는 거 불만인 게 자연스러운 거다!
– 친정 빨리 가고 싶은 게 자연스러운 거다!

'두 가지 상반된 마음 때문에 더 힘들구나'
'내가 이상한 사람, 못된 며느리가 아니구나'라고
자신의 마음을 이해하면 오히려 부담이 덜어져요.
'그래도 좀 너무한 거 아닌가' 싶은 생각이 든다면
한 번 잘 생각해보세요.

평생 명절 한 번만 지낼 거 아니고,
앞으로도 몇 년 몇십 년 지내야 해요.
좋은 며느리 되려고
10년 이상 노력해본 분은 이미 경험했을 거예요.
결국엔 나만 더 상처받거나, 시월드와 관계가 더 안 좋아지거나,
시월드와 연을 끊게 되거나, 이혼을 하게 되거나.
아니면 이 모든 걸 다 참고 견뎠더니
그게 당연한 건 줄 알고 더 많은 걸 기대해
결국 나만 큰 병을 얻게 되거나 하죠.

조금씩 거절하기

●

누구나 불편하고 부담스러워서

일단 피하고 싶은 마음이 있듯이,

한편으로는 좋은 며느리로 보이고 싶은 소망이

어느 정도 있어요.

좋은 며느리에 대한 소망이 클수록

아이러니하게도 내 마음은 더 힘들어요.

좋은 며느리에 대한 부담감을 좀 덜어내고

얼핏 보면 나쁜 며느리 같아 보일 수 있는

내 마음의 자연스러운 본성을 좀 더 들여다봐야 해요.

그래야 장기적으로도 시월드와 어느 정도 잘 지낼 수 있어요.

물론 좋은 며느리 페르소나는 나 혼자 만든 게 아니에요.

좋은 엄마 페르소나와 마찬가지로

누구나 기대하는 집단 무의식이죠.

조금은 거절해보세요!

좋은 며느리 페르소나를 자기 본성과 구분할 수 있는

방법적인 측면이 되기도 해요.

시월드와 남편의 모든 요구를 내 몸과 마음에 무리될 정도로

다 들어줘봤자 결국 나만 힘들어져요.

나도 모르게 은근히 좋은 며느리 페르소나에 길들여지고,

그런 인정에 은근히 만족해서 스스로 그 인정에 중독돼요.

주변 사람들은 그런 당신에게

좋은 며느리의 모습을 계속 기대하고요.

그러니 익숙하지 않고 복잡한 마음이 들어서

행동으로 옮기기 꺼려지더라도

조금씩 거절하는 연습을 해보세요.

아이러니하게도 길게 보면 좋은 아내로,

좋은 며느리로 사는 방법이니까요.

남편도 알아야 할 육아감정　　　　　tip ●

장인어른 장모님 앞에서 불편한 마음이 있듯 아내도 마찬가지 감정을 느껴요. 보통은 더 크죠. 아마 시댁의 스타일에 따라 더 많이 느낄 수도 있어요. 명절은 그 불편한 마음을 오로지 아내가 받아내야 하는 시간이에요. 명절만큼은 아내를 배려해주세요.

아내가 명절을 지내면서 혹은 친가에 다녀오면서 자주 감정적으로 말하면, 우리 부모님을 비난하는 것처럼 느껴져 화가 나는 순간이 많을 거예요. 아내는 시부모님과 함께한 시간이 힘들었을 뿐이에요. 예민한 말과 행동 이면에 있는 아내의 마음을 알아주세요.

다른 사람을
의식하는 마음

엄마로 살다보면 사람들을 대할 때 참 조심스러워져요.
결혼하면 시부모님이 조심스럽다가,
출산 후엔 갓난아이가 조심스럽다가,
아이가 점점 자라갈수록 아이로 인해 형성되는
엄마들 관계는 물론이고,
선생님, 등하원 차량 기사 아저씨, 동네 사람 등
조심스러운 사람이 점점 많아져요.
조심스러우니 우선은 친절해집니다.
친절해서 나쁠 건 없으니까 왠지 친절해야 할 것 같죠.

더구나 다른 사람과의 관계에서 보이는 내 모습이
아이에게 여러 가지 영향을 미칠 것 같기도 하고요.

그런 이유로 시간과 에너지를 써서 다른 사람에게 친절하고,
또 도움을 주면 좋은 반응이 돌아오니 친절하려고 노력하죠.
몸은 좀 불편하더라도 좋은 반응을 얻으면
조심스러움과 불안감은 안도감으로 바뀌고
큰 만족감을 느끼기 때문이에요.

타인에게 지나치게 친절하다
●

그렇게 친절이 익숙해지다보면
점점 관계가 편해져야 할 것 같은데,
오히려 관계가 점점 부담스러워집니다.
몸은 불편해도 마음은 편했는데
어느새 마음조차도 편하지 않아요.
엄마의 삶은 몇 년 하고 말게 아닌 게 함정이었죠.
사람이기 때문에 결국 한계가 와요.

나는 이렇게 친절하게 행동하는데
반응이 그에 못 미치면 섭섭해요.
문득 문득 사소한 상황이 떠오르며
무시받는 느낌에 화가 나기도 하고요.
그런 심리적 갈등이 내 육아 일상에까지 영향을 미쳐요.
적당히 친절할 걸, 적당한 거리를 유지할 걸 후회도 돼요.

친절에 대한 과도한 마음이

아이에게 영향을 주었다는 걸 나중에서야 알기도 해요.

나도 모르는 사이에 친절에 집착하고 있었고,

아이도 그렇게 자랐던 거예요.

아이 입장에서 누구보다 마음 편해야 할

엄마와의 관계가 편하지 않아,

엄마에게 감정적인 모습도 보이지 않았고

자기주장도 잘 안 하는 아이로 자라게 돼요.

아이가 사람들과 갈등을 겪는 상황에서

위축되고 자기주장을 못하는 저자세를 지니는 거죠.

어릴 땐 친구들과 별 문제도 없고, 선생님께도 칭찬 듣는

상대적으로 키우기 수월했던 아이였는데

점점 문제가 드러나죠.

자신에게 불친절하기 때문에

●

좋은 의도로 몸과 마음을 다해 열심히 살아보려고 한 건데

단추가 잘못 끼워진 느낌이 들죠.

딱히 잘못한 건 없는 것 같은데 왜 이렇게 흘러간 걸까요?

❶ 다른 사람을 배려하는 것

❷ 내 욕구를 억압하면서까지 다른 사람을 나보다
　 우선순위에 두는 것

이 둘은 분명히 달라요.
엄마로 살다보면 포장된 겉모습 없이는
스스로를 매력적이라고 여기기가 쉽지 않아요.
있는 모습 그대로를 보인다면
상대방이 나를 어떻게 볼지, 어떻게 반응할지 우려되니까요.
그럼 나를 싫어할 것 같은 마음도 들고요.
스스로를 매력적이라고 여기지 않고
존중받을 만한 사람이라고 여기지 않으면
자기 욕구가 그리 중요하지 않은 게 돼버려요.

그래서 배려를 넘어 손해보고 희생하는
몸과 마음이 불편한 삶을 반복하지만
채울수록 채워지지 않는 아이러니한 느낌이죠.
지나친 욕구 억압 상태에서는 궁극적인 만족감이 없으니
밑 빠진 독에 물 붓는 것과 마찬가지니까요.

사실 인간관계에서 갈등은 필연적이에요.
여러모로 복잡한 관계인 엄마의 삶에선 더 그렇고요.
갈등 자체가 지나치게 부담스럽다면

그걸 피하고 싶어서 지나친 친절함을 택하기도 해요.

머리로는 그게 불가능한 걸 알면서도

마음으로는 모든 사람이 나를 좋게 보면 좋겠고,

한 사람이라도 나를 안 좋게 보는 게 너무 싫은 거죠.

그래서 늘 친절한 행동을 하지만 매사가 부담스럽고 힘들어져요.

아이 키우는 것 자체만으로도 힘든데

내 몸과 마음이 점점 축나게 되고요.

사실 아이에게 친절하기만도 힘든데,

다른 것에 지나치게 친절한 에너지를 쓰고 있죠.

나에게 친절하자
●

이걸 머리로는 알지만 마음으로는 내키지 않아서

행동은 더더욱 안 될 때 어떻게 해야 할까요?

지금까지 무의식적으로 하던 행동을

갑자기 의도적으로 바꾸는 건 참 어려워요.

하지만 행동 이면의 내 마음만 잘 알아도

조금씩 마음이 편해지기 마련이니

아주 조금씩 행동이 자연스러워져요.

내 마음을 잘 따져보면 아이러니하게도

나 스스로가 배려받고 존중받고 싶은 거예요.

스스로 존중받을 만한 사람으로 여기지 않으면

존중받고 싶은 마음은 더 커져요.

존중받고 싶은 욕구는 아주 중요한 욕구니까요.

엄마로 살다 보면 남이 나를 어떻게 볼지

지나치게 신경이 쓰이지만

그럴수록 내가 나를 어떻게 보는지 신경 써야 해요.

다른 사람에게 친절하고 싶을 때

그럴수록 오히려 내 자신에게 친절해야 해요.

왜냐하면 이 모든 게 나 자신에게 신경 쓰지 못했다는,

나 자신에게 친절하지 못했다는 내 마음의 신호이기 때문이에요.

내가 나를 존중함으로써

나를 바라보는 내 시선이 편안하고 자연스러워져야 해요.

그렇지 않으면 다른 사람이 나를 어떻게 보는지에

지나치게 몰입하기 쉬워요.

다른 사람보다 나에게 친절하세요.

나에게 진심으로 친절한 엄마가

다른 사람에게도 진심으로 친절할 수 있어요.

타인을 의식하는 친절은 자연스럽지 않기 때문에

결국 깊고 돈독한 관계로 이어질 수 없어요.

아내가 아이를 키우면서 수많은 관계를 맺고 그들에겐 한없이 친절한데, 오히려 가족인 나에겐 불친절한 경험 있을 거예요. 섭섭함을 쌓아뒀다가 "다른 사람에게만 착한 척하지 말고 나한테 좀 잘해봐라"라는 말을 뱉어버리기도 하죠.

하지만 그런 행동을 하는 아내 역시도 자연스럽지가 않으니 결코 편한 상태가 아니에요. 아이로 인해 조심스러운 관계들이 참 많아서 어쩔 수 없이 그렇게 되는 거죠. 행동 이면엔 아내도 사실 누군가에게 존중받고 배려받고 싶은 속마음이 있다는 점을 알아주세요.

이런 마음은 스스로 인식하기가 힘들고 아무리 가까운 사이여도 표현하긴 어려워요. 이런 마음 드는 게 자연스러움에도 불구하고 왠지 스스로 초라하게 여겨지고 부끄럽거든요. 아내가 말하지 않아도 먼저 알아주시고 행동으로 존중하고 배려해주세요.

친정엄마에 대한
복잡한 마음

임신을 하고 출산을 하면서 그렇게 엄마가 되면,

친정엄마가 자주 생각나요.

'나를 이렇게 고생해서 낳아주시고 키워주셨구나' 생각하면

새삼스레 고마운 마음도 들고 뭔가 감회가 새롭죠.

하지만 그 마음은 그리 오래가지 않아요.

친정엄마 도움으로 산후 조리를 하고

신생아를 키우는 동안 엄마와 자꾸만 부딪히니까요.

비록 실전 경험은 별로 없지만

육아서와 인터넷 정보로 공부한 게 있는데,

내가 키우고 싶은 방식과는 다르게

엄마 나름의 육아관을 나에게 강요해요.

적절한 온도를 유지해줘야 한다는데

아이 춥다고 답답할 만큼 껴입히고요.

친정엄마에 대한 복잡한 감정
●

아이가 클수록 키우는 게 더 힘들어지고
신체적·감정적 한계를 경험하며
친정엄마에게 점점 더 복잡한 마음이 들어요.
새삼스레 고마운 마음도 들고
철없던 시절이 미안해서 눈물이 나기도 하죠.
하지만 역시 오래가지 않죠.
아이를 키우다보면 내가 어릴 때
엄마가 나를 대하던 모습이 자꾸 생각나고,
이런저런 잊었던 장면들이 떠올라 억울하고 화가 나기도 해요.
나 키울 때와는 다르게
손주라고 무조건 예뻐해주기만 하는 걸 보면
'나도 좀 이렇게 키워주지' 하는 아쉬움도 남고요.

요즘 엄마들은 어린이날 어디 갈지,
생일엔 어떤 선물을 줄지 고민하고,
또 크리스마스엔 어떤 이벤트를 해줄지 고민하죠.
하지만 그때 뭔가 쓸쓸한 기억이 스윽 지나갑니다.
'나 어렸을 때 우리 엄마는 왜 이렇게 못해줬을까?'

하는 생각이 들어요.

이처럼 아이를 키우면 키울수록

전보다 친정엄마가 이해되기도 하지만

그와는 반대로 뭐라고 설명하긴 힘든

불편하고 복잡한 감정이 나를 괴롭혀요.

친정엄마가 밉기도 하고요.

벗어나고 싶었지만
•

결혼을 한 여러 이유 중에 친정엄마를

벗어나고 싶어서 결혼한 경우가 많아요.

결혼만이 유일한 돌파구였는데,

아이 키우느라 또는 아이 먹여 살리려고 일을 해야 해서

울며 겨자 먹기로 친정엄마에게 의지해야 하는

아이러니한 상황이 됩니다.

내 마음 알아주기보다는 일거수일투족을 간섭하고

형제자매, 친척, 친구와 비교하던

친정엄마의 그늘을 벗어나고 싶어서

그토록 원하던 독립을 했는데,

새로운 가정을 꾸려 아이를 키우고 있는데,

여전히 친정엄마의 영향을 받을 수밖에 없는

현실의 나에게 실망스러워요.

또 바쁘게 아이를 키우다 겨우 정신을 차리고 보니
아이에게 내가 싫어하던 친정엄마 모습을 보이는 것 같죠.
감정에 따라 폭언하던 엄마의 말 한마디 한마디가
상처로 남아 있는데,
나도 모르게 아이에게 폭언을 하기도 해요.
가부장적인 아빠에게 평생 맞춰 산 우리 엄마.
어려서부터 엄마의 고충을 늘 봐왔고 아빠가 밉기도 했지만,
한편으로는 자식 핑계 대면서
아빠의 틀을 극복하지 못하는 엄마가 답답했죠.

그런데 잘 생각해보면 자신도 아빠와 크게 다르지 않은
남편을 고른 것 같고, 나도 어느덧 친정엄마처럼
아이 때문에 울며 겨자 먹기로 맞춰주며
살고 있는 것 같아서 더 화가 나기도 해요.
친정엄마한테 슬쩍 남편 흉보면서도
그것에 동의하는 친정엄마가 밉기도 하고.
그렇게 처음부터 반대하지 않았냐고
말 안 듣더니 잘 됐다고 할 때엔 화가 치밀어 오르지만
결국 내 탓인 것만 같아서 우울해져요.

보이지 않는 친정엄마의 틀

●

사실 친정엄마만큼 엄마의 삶에

심리적 갈등을 주는 사람도 없을 거예요.

엄마와 관련된 복잡한 생각과 감정들을

무시할 수 있으면 참 좋을 텐데,

오랫동안 영향을 받았기 때문에

이미 나도 모르게 그 틀 안에 있어서

무시하고 외면할 수가 없어요.

엄마와 딸은 세상에 둘도 없는 친구이고

이 세상에서 가장 돈독한 관계이지만,

그만큼 영향을 많이 받고 상처도 많이 받아요.

분명 난 친정엄마와는 성향도 생각도 가치관도

다르다고 생각하면서도 친정엄마 방식에서 자유롭기 힘든 거죠.

"사랑하든 미워하든 존중하든 거부하든,

엄마는 우리가 처음 경험하는 여성성이며

우리가 최초로 관찰하는 역할모델이다."

— 폴린 페리 〈엄마의 딸〉 저자

아이를 키우는 엄마로 살며 친정엄마와 가까워질 줄 알았는데,

사이가 더 안 좋아지기도 하고,

가장 잘 이해해줄 것 같은 사람이

오히려 이해를 더 못 해주는 것 같아 더 섭섭해요.

딱 그냥 내가 필요할 때에 우리 아이만 봐주면 좋겠는데

엄마도 늙어가고 여기저기 아파오고,

아이 맡기고 나면 유난히 더 힘든 내색을 하는 것 같은 엄마에게

미안하면서 섭섭한 마음이 들어요.

생각하면 복잡하고 괴로우니까

가급적 물리적 접촉을 피하고 싶을 때도 많지만,

피하느라 이미 감정적인 에너지를 소진했고

피한다 한들 문득문득 떠오르는 것까진 막지를 못해요.

딸도 사람이다
•

정말 아쉽게도 친정엄마와의 관계는 오랫동안 형성된 관계이고

엄마가 된 뒤에 더 복잡한 관계가 되기 때문에

금방 해결할 수 없어요.

그렇다면 뭘 먼저 해야 할까요?

친정엄마와 대화중에 문득 느껴지든,

아이를 키우는 중에 문득 느껴지든,

다른 엄마를 보다가 문득 느껴지든,

친정엄마를 향한 나의 고마움과 미안함뿐 아니라
미움, 분노, 억울함, 섭섭함, 짜증 등의 감정도
이미 내 안에 있을 수 있고
잘 사라지지 않을 수 있다는 점을 받아들여야 해요.

누구나 어릴 때엔 상대적 약자예요.
내 몸이 좀 자랐어도 친정엄마가 법적으로 보호자였고
경제적으로도 독립을 못 했죠.
복잡한 마음이 있었어도 '지금은 어쩔 수 없으니 좀 참자'라며
감정을 억눌렀을 수 있어요.
엄마가 되고 친정엄마가 좀 더 이해되기도 하지만
그만큼 내 감정을 더 억누르기도 해요.

'어떻게 딸인 내가 그런 마음을 가질까?'
'그래도 낳아주고 길러주셨는데.'
'그러면 안 돼지. 마음을 고쳐먹자.'

처음엔 이런 식으로 극복해보려고 마음으로 노력을 해요.
하지만 별로 도움 안 된다는 걸 경험했을 거예요.
오히려 내가 어떤 생각과 감정을 경험해도
'내 입장에서는 그럴 수 있다'라는 인식을 가져야 해요.
그래야 자연스럽게 내 감정을 들여다볼 수 있어요.

내 마음속에서만큼은 어떤 일이 벌어져도

그것만으로 패륜아도 아니고 불효녀도 아니에요.

그냥 사람이면 누구나 가질 수 있는 자연스러운 감정이에요.

자식이라는 페르소나 때문에

엄마와 자식 관계라는 필터 때문에

그래도 좋은 딸이 되고 싶다는 부담감 때문에

제대로 인식하지 못했던 내 감정을

내 스스로 이해해줄 수 있어야 해요.

이건 친정엄마의 입장을 잘 이해하고

마음으로 용서하기 위해서가 아니에요.

친정엄마에 대한 복잡한 마음을 경험하는

나 자신을 이해하기 위해서이고,

우리 아이와의 관계를 이해하기 위해서예요.

그 과정이 있어야만 친정엄마와 심리적으로 분리될 수 있어요.

비로소 친정엄마에 대한 편안한 마음을 가질 수 있고,

친정엄마에게 쌓였던 감정이 엉뚱하게 폭발하지 않을 수 있어요.

무엇보다 우리 아이도 내가 경험한 복잡한 감정 경험 없이

독립적인 인격체로 키울 수가 있어요.

친정엄마와의 심리적 분리를 하고

적당한 관계를 유지하기 위한 구체적인 방법을 알려드릴게요.

친정엄마가 10번 부탁하면 5번만 해주세요.

물론 친정엄마 입장에서

딸에게 거절받는 느낌이 드는 것은 참 괴로워요.

딸인 내가 친정엄마에게

괴로운 마음을 제공하는 것도 부담이 크고요.

하지만 수십 년간 친정엄마와 심리적 갈등을 겪는 것보다

서로 기대치를 조금씩 낮추고

심리적으로 독립했다는 것을 드러내는 게

장기적으로 보면 더 바람직해요.

남편도 알아야 할 육아감정   tip ●

사이가 좋은 모녀 사이도 있지만 사이가 좋지 않은 모녀 사이도 있어요. 아내와 친정엄마가 감정적으로 격해지는 순간을 보면 이해가 가지 않을 때가 많을 거예요. 모녀 사이는 좀 특별해요. 애틋하면서 애증을 동시에 가지고 있는 사이죠.

아내와 장모님이 사이가 좋지 않을 때엔 우선 아내 편을 확실히 들어주세요. 그리고 장모님께는 따뜻한 문자라도 남기는 센스를 보여주세요.

잊고 지낸
꿈에 대한 마음

많은 사람들이 새해를 맞이할 때마다

새로운 마음가짐을 다져봅니다.

'새해엔 착하게 살아야지, 부지런해져야지,

공부해야지, 책 읽어야지, 여행 떠나야지,

몸매 관리해야지, 취직해야지, 결혼해야지.'

작심삼일을 수없이 겪어보지만

해가 바뀔 땐 기대하는 마음으로 야심찬 계획을 세워요.

하지만 엄마가 되면 좀 특별한 소망들이 생깁니다.

'새해엔 좋은 엄마가 되어야지, 좋은 아내 되어야지,

살림 잘해봐야지, 아이에게 본이 되어야지,

아이에게 화내지 말아야지, 아이의 말을 경청해야지,

아이 간식 잘 챙겨줘야지, 아이에게 추억 많이 만들어줘야지.'

역시 한해한해 지나며 작심삼일을 수없이 겪어보지만

해가 바뀔 땐 또 기대하는 마음으로 비슷한 계획을 다시 세워요.

엄마로 살다보니 새해에도 소망이 없다

엄마로 한해 한해 3년, 5년, 10년 그렇게 지내다보면

새해를 맞이하는 마음에 생각지도 못한 변화가 찾아옵니다.

새해가 되어도 각오나 소망이 없는 상태가 돼버리는 거예요.

어차피 반복되는 육아 일상은 어제와 오늘이 같고

오늘과 내일이 같을 것이니 별다른 기대감이 없죠.

아이가 한 살 더 먹는 게 새롭고,

내가 한 살 더 먹는 게 슬프지만 그 외엔 별로 새로울 게 없어요.

지난해 아이가 별 문제 없이 잘 자란 것처럼

올해에도 그러길 바라고 그냥 유지되기만을 바라죠.

현실에 안주하는 느낌이 들면

그게 또 나를 심난하고 아쉽게 하지만

별다른 기대감이 없는 건 어쩔 수 없어요.

엄마로서의 내 모습에 매년 기대를 해봤지만

내 의지로 안 되는 걸 수없이 경험했고,

바라는 아이 모습도 매년 기대를 해봤지만

역시 내 의지로 안 되는 걸 수없이 경험했으니까요.

그렇게 점점 엄마로서의 꿈과 소망이 사라집니다.

꿈과 기대가 없다

●

더 슬픈 건 엄마로서가 아닌

그냥 나 개인으로서의 꿈과 소망도

이미 사라진 지 오래라는 거죠.

"난 꿈이 있었죠. 버려지고 찢겨 남루하여도.

내 가슴 깊숙이 보물과 같이 간직했던 꿈."

– 〈거위의 꿈〉 中

엄마로 살다보면 이 노래의 가사처럼

깊어도 너무 깊게 꿈을 간직만 하기 쉬운 것 같아요.

같은 엄마인데 꿈을 향해 열심히 도전하고

꿈을 이루는 성공담을 보면

부럽지만 동시에 자괴감이 들어요.

저는 엄마들과 개인 심리 상담을 할 때에 꿈을 물어봐요.

꼬리에 꼬리를 물고 펼쳐지는 이야기를 듣다보면,

억누르고 외면하고 무시하다가 무의식 안에 가둬버린 꿈이 육아 스트레스의 본질에 가까울 때가 많아요.

보통은 '애 엄마가 무슨'이라는 생각을 많이 하죠.

근데 이 생각만큼 엄마의 행복을 갉아먹는 생각이 없어요.

엄마의 심리적 건강을 해치는 생각이에요.

잘 따져보면 엄마라는 이름은

아이와의 관계에 국한된 용어일 뿐인데,

내 존재를 그 틀 안에 국한시켜요.

친정엄마가 시어머니가 심지어 남편이 비슷한 말을 하면

그 말에 화가 나면서도 결국 그 말에 동조하죠.

더구나 그렇게 의욕이 없고 감흥이 없고 소망이 없고

꿈이 없는 상태로 아이를 대하다보면

삶에 대한 아이의 마음가짐에도 영향을 미칠 수밖에 없어요.

요즘 아이들은 우리가 어릴 적과 달리

별로 어른이 되고 싶지 않아 하죠.

가장 가까운 어른인 부모만 봐도 별로 행복해 보이지 않으니까요.

나에 대한 소망
●

아이를 키우는 엄마라는 현실에서

그 꿈이 과연 실현 가능하냐 아니냐는 그리 중요하지 않아요.

285

엄마라는 의식의 필터를 거치고 또 거치다보면
꿈도 소망도 삶의 이유도 결국 사라진다는 점이 중요해요.

우리는 엄마이기 전에 사람이에요.
사람에게는 새로움을 추구하고, 도전하고,
자아를 실현하고 싶은 욕구가 자연스러운 본능이에요.
엄마라는 이유로 자연스러운 본능을 억누르지 마세요.
자연스러운 본능을 외면하고 무시하지 마세요.
내 안에서 자유롭게 유동하게 하세요.

꿈과 소망은 아무도 대신 알려줄 수 없어요.
내 안에 있는 꿈을 발견하려면
끊임없이 자신과 대화를 해야 해요.
일이든 취미든 소소한 일상이든,
한해가 지나기 전에 하고 싶은 꿈을,
30대가 지나기 전에 40대가 지나기 전에 이루고 싶은 꿈을,
엄마로서가 아닌 나 자신으로서의 내 마음에 집중해 계획해보세요.

아이의 엄마라는 필터가 쉽게 없어지지 않아
현실을 고려하지 않고 내 마음에 집중하기란 쉽지 않을 거예요.
그래도 규칙적으로 매일 아이와 분리된 나만의 시간을
꼭 가지려는 계획만큼은 세워보세요.

그 시간엔 내 입장과 상황에 대한 아무런 판단을 하지 말고 무의식에 날개를 달아보세요.
꿈과 소망이 없는 엄마는 아이에게 꿈과 소망을 심어주기 어렵고, 아이 자체가 꿈과 소망이 되어버리니까요.

남편도 알아야 할 육아감정   tip ●

아내들이 엄마로 살면서 아이 말고 가족 말고는 자신의 꿈이 무엇인지 잊고 사는 경우가 많아요. 꿈을 이룰 수 없다고 생각하고 체념하는 분도 많고요. 육아로, 아이 교육 문제로 사실 꿈을 꾸며 살기란 쉽지 않아요.
하지만 남편의 지지가 있다면 소소한 꿈부터 시작해서 잊고 지낸 꿈에 대한 소망을 이룰 수 있어요. 아이 일 말고, 시댁 친정 일 말고 아내가 꿈꿔왔던 일들, 아내가 가슴 뛰는 일들에 대해 서로 이야기 나눠보세요. 그리고 아내가 꿈을 이룰 수 있도록 학업이든 문화센터 강의든 지지해주세요. 삶에 더 생기 있는 아내, 엄마가 되어 그 좋은 에너지를 남편에게 아이에게 온가족에게 전할 거예요.

균형 육아

균형 있게 페이스 조절하며 아이를 키우는 육아감정 심리서

초판 1쇄 인쇄 2017년 7월 14일
초판 5쇄 발행 2020년 4월 30일

지은이 정우열

펴낸이 박세현
펴낸곳 팬덤북스

기획위원 김정대 김종선 김옥림
기획편집 윤수진
디자인 이새봄
마케팅 전창열

주소 (우)14557 경기도 부천시 원미구 부천로 198번길 18 202동 1104호
전화 070-8821-4312 | **팩스** 02-6008-4318
이메일 fandombooks@naver.com
블로그 http://blog.naver.com/fandombooks

출판등록 2009년 7월 9일(제2018-000046호)

ISBN 979-11-6169-006-3 03590